新时代智库出版的领跑者

国家智库报告　经济·2025

National
Think Tank

13

价值跃迁：
数据资产化的"数据宝模式"

Value Leap:
The "CHINADATAPAY
Model" for Data
Assetization

彭绪庶
罗以洪　著
端利涛

中国社会科学出版社

图书在版编目（CIP）数据

价值跃迁：数据资产化的"数据宝模式" / 彭绪庶，罗以洪，端利涛著. -- 北京：中国社会科学出版社，2025. 8. -- （国家智库报告）. -- ISBN 978-7-5227-5593-9

Ⅰ．TP274

中国国家版本馆 CIP 数据核字第 20256NN404 号

出 版 人	季为民
责任编辑	田 耘
责任校对	刘 娟
责任印制	李寡寡

出　　版	中国社会科学出版社
社　　址	北京鼓楼西大街甲 158 号
邮　　编	100720
网　　址	http://www.csspw.cn
发 行 部	010-84083685
门 市 部	010-84029450
经　　销	新华书店及其他书店
印刷装订	北京君升印刷有限公司
版　　次	2025 年 8 月第 1 版
印　　次	2025 年 8 月第 1 次印刷
开　　本	787×1092　1/16
印　　张	13
插　　页	2
字　　数	172 千字
定　　价	68.00 元

凡购买中国社会科学出版社图书，如有质量问题请与本社营销中心联系调换
电话：010-84083683
版权所有　侵权必究

序　言

一

2017年12月，习近平总书记在十九届中央政治局第二次集体学习时强调，"要加快建设数字中国，构建以数据为关键要素的数字经济"[①]。2022年6月，习近平总书记在主持召开中央全面深化改革委员会第二十六次会议时强调，数据基础制度建设事关国家发展和安全大局，要维护国家数据安全，保护个人信息和商业秘密，促进数据高效流通使用、赋能实体经济，统筹推进数据产权、流通交易、收益分配、安全治理，加快构建数据基础制度体系[②]。2025年5月习近平总书记在上海考察时强调，"我国数据资源丰富""发展人工智能前景广阔"[③]。这些重要论断深刻揭示了数据在数智技术引领驱动的新一轮科技革命和产业变革背景下的重要战略地位，为数字经济发展指明了方向，提供了重要遵循。

中央高度重视数据要素相关工作。党的十九届四中全会首

[①] 习近平：《不断做强做优做大我国数字经济》，《求是》2022年第2期。

[②] 徐凤：《加快构建数据基础制度体系》，《光明日报》2022年8月26日。

[③] 张凌寒：《为人工智能高质量发展和高水平安全提供法治保障》，《人民日报》2025年5月16日。

次从国家战略高度，将数据与劳动、资本、土地等传统生产要素并列，正式确立了数据的新型生产要素地位。2020年4月，中共中央、国务院印发《关于构建更加完善的要素市场化配置体制机制的意见》，数据作为一种新生产要素再次写入了中央文件。中国因此而成为全球第一个在国家政策层面将数据确立为生产要素的国家。2022年，中共中央、国务院印发《关于构建数据基础制度更好发挥数据要素作用的意见》（以下简称"数据二十条"），明确提出要加快构建数据基础制度，激活数据要素潜能，做强做优做大数字经济，构筑国家竞争新优势。

2023年3月，中共中央、国务院印发《党和国家机构改革方案》，提出组建国家数据局，负责协调推进数据基础制度建设，统筹数据资源整合共享和开发利用等数据和数字经济相关工作。近年来，国家相关部门先后出台了一系列政策，如《"数据要素×"三年行动计划（2024—2026年）》（国数政策〔2023〕11号），中共中央办公厅、国务院办公厅《关于加快公共数据资源开发利用的意见》和国家数据等部门《关于促进企业数据资源开发利用的意见》（国数资源〔2024〕125号）等。这些重大改革举措和重要政策的出台，有一个很重要的共同目的，就是让高质量数据"活起来、动起来、用起来"，释放数据价值，赋能实体经济。因此，这些改革和政策不仅充分体现了数智时代数据的基础性资源和关键生产要素作用，也充分反映了数据价值实现或者数据价值化[①]的极端重要性和紧迫性。

二

从全球范围来看，数据已成为各国竞相角逐的战略性资源。

[①] 数据价值实现或数据要素价值化，本质是推动数据参与生产过程创造价值发挥新型生产要素作用，为方便叙述，下文统一简称"数据价值化"。

美国封禁中国三大电信运营商在美国运营，千方百计强买TikTok，理由是所谓的"数据安全"。欧盟颁布《通用数据保护条例》（GDPR）等数据法规，声称要实施最严格的数据安全和隐私保护。近日更以TikTok将欧洲经济区用户个人数据传输到中国、违反欧盟关于数据透明度规定为由，由爱尔兰数据保护委员会出面对TikTok罚款5.3亿欧元。显然，美欧针对中国企业采取的"打压封堵"措施，所谓的"数据安全"和"隐私保护"等只是表面理由，更主要的是着眼于企图禁止中国企业采集和使用数据资源。数据是数智时代的关键资源战略性资源，这与美国眼中的乌克兰和格陵兰岛关键矿产资源本质上并没有根本性区别。

从数字经济发展实践来看，数据价值化不仅是做强做优做大数字经济的关键，也是促进数字经济和实体经济深度融合，推动经济高质量发展的关键。例如，在制造业领域，通过对生产过程中产生的设备运行数据、产品质量数据、供应链数据等进行深度分析与应用，企业能够实现生产流程的优化、设备故障的预测性维护、产品质量的提升以及供应链的高效管理，推动制造业向智能化、柔性化方向转型升级。在金融领域，大数据风控技术借助对海量客户信用数据、交易数据、行为数据的分析，能够精准评估客户信用风险，有效降低金融机构的不良贷款率，提升金融服务的安全性与效率。在农业领域，物联网和大数据技术的应用，使得对土壤墒情、气象信息、作物生长状况等数据的实时监测与精准分析成为可能，进而实现精准种植、智能灌溉、病虫害的精准防治，推动传统农业向智慧农业转变，提高农业生产的质量和效益，为保障国家粮食安全提供了有力支撑。在服务业，以电商行业为例，企业通过分析用户的浏览数据、购买历史、评价数据等，能够精准把握用户需求，实现精准营销和个性化推荐，提升用户购物体验和满意度，促进电商业务的持续增长。

中国数据要素市场规模持续增长，《全国数据资源调查报告（2024年）》显示，2024年全国数据生产总量41.06 ZB，与上年相比数据资源总量增长25%；人均年数据生产量31.31TB；和日常生活相关的智能家居、智能网联汽车等智能设备的数据增速位居前列，分别为51.43%、29.28%。[①] 国家工信安全发展研究中心研究显示，数据市场价值年均复合增长率超过20%，预计2025年将突破1749亿元[②]。众多企业敏锐捕捉到数据要素市场的广阔前景，数据要素相关企业数量自2017年开始逐年攀升，增速强劲，为市场的多元化和专业化发展注入了强大动力。从新兴的数据科技初创企业，到传统行业巨头的数字化转型，都在积极布局数据业务，挖掘数据价值。

同时，也要意识到，中国数据要素市场建设尚处于起步阶段，基础制度有待进一步完善，数据确权、流通交易、收益分配、安全治理等关键环节仍存在一些亟待解决的问题。数据确权方面，由于数据来源广泛、权属关系复杂，目前尚未形成统一、明确的确权标准和方法，导致数据产权界定不清，影响了数据的流通与交易。在数据流通交易环节，交易规则不健全、交易平台不完善、交易监管不到位等问题，制约了数据的高效流通和市场价值的充分实现。数据收益分配机制不合理，也在一定程度上影响了数据提供者和开发者的积极性。数据安全问题不容忽视，随着数据的价值日益凸显，数据泄露、滥用等安全事件时有发生，给个人隐私、企业利益和国家安全带来了潜在威胁。中国企事业单位数据治理水平普遍不高，数据质量亟待提升。许多企业和单位的数据管理缺乏系统性和规范性，存

---

① 全国数据资源调查工作组：《全国数据资源调查报告（2024年）》，国家工业信息安全发展研究中心，2025年。
② 蒋牧云：《数据要素市场竞逐千亿赛道》，《中国经营报》2025年1月6日。

在数据重复、错误、不一致等问题，影响了数据的分析和应用效果。数字化转型基础不牢，深度数据挖掘等高级应用能力整体较低，虽然中国数据总量庞大，但可用于大模型训练的高质量数据集短缺，制约了生成式 AI 等前沿技术的创新发展。

近年来中国数据基础制度建设快速推进。财政部先后印发《企业数据资源相关会计处理暂行规定》（财会〔2023〕11号）和《关于加强数据资产管理的指导意见》（财资〔2023〕141号），出台了《数据资产全过程管理试点方案》（财资〔2024〕167号）。国家数据局等部门印发了《关于促进企业数据资源开发利用的意见》（国数资源〔2024〕125号），国家发展改革委和国家数据局等部门印发了《关于促进数据产业高质量发展的指导意见》（发改数据〔2024〕1836号）、《关于完善数据流通安全治理 更好促进数据要素市场化价值化的实施方案》（发改数据〔2025〕18号）、《公共数据资源登记管理暂行办法》（发改数据规〔2025〕26号）、《关于建立公共数据资源授权运营价格形成机制的通知》（发改价格〔2025〕65号）、《公共数据资源授权运营实施规范（试行）》（发改数据规〔2025〕27号）等。由此可以看出，数据资产化是数据价值实现的重要路径，对推动探索数据价值实现路径发挥着基础支撑和关键驱动作用。

发挥数据的关键要素作用，关键是数据要"供得出、流得动、用得好、保安全"，充分释放数据价值。毫无疑问，围绕数据的国际竞争态势，中国数据基础制度建设、数据要素市场培育面临的问题与挑战，都为理论研究和实践探索提出了新课题。理论只有来自丰富的实践才能用来进一步指导实践。因此，调研各地数据价值实现和数据资产化实践探索的有益经验，总结凝练形成新的理论，指导地方创新实践，推动出台制定新的政策，具有重要理论意义和现实意义。

三

调查研究是我们党的传家宝。习近平总书记强调指出，调查研究是谋事之基、成事之道，没有调查就没有发言权，没有调查就没有决策权；正确的决策离不开调查研究，正确的贯彻落实同样也离不开调查研究；调查研究是获得真知灼见的源头活水，是做好工作的基本功[1]。"党中央作出重大决策、制定重要文件，都深入调研，广泛听取各方面意见。"[2] 习近平总书记关于调查研究的重要论述，为加强数据基础制度建设、推动数据价值释放指明了方向和路径。

2021年，中国社会科学院启动了第三轮国情调研基地建设。依据中国社会科学院与贵州省人民政府签署的"院省合作框架协议"，具体由中国社会科学院数量经济与技术经济研究所与贵州省社会科学院展开紧密对接，负责国情调研贵州基地工作。数量经济与技术经济研究所在数字经济等领域积累了深厚的研究基础，与贵州省社会科学院携手合作，将调研重点聚焦于贵州在大数据和数字经济领域的创新实践。旨在精准把握贵州数字经济的发展现状，深入剖析具有苗头性、趋势性的重大政策问题，进而为中央和贵州制定推动数字经济发展的政策举措提供坚实的决策参考。与此同时，从调研中挖掘具有前瞻性、战略性的重大研究课题，将科研工作深深扎根于实际调研，切实践行"把论文写在祖国大地上"的科研理念。

在2023年度国情调研工作推进过程中，贵州数据宝网络科技有限公司（以下简称"数据宝"）作为典型案例进入了研究

---

[1]《中办印发〈关于在全党大兴调查研究的工作方案〉》，《人民日报》2023年3月20日。

[2] 李林蔚：《用好调查研究这个传家宝》，《人民日报》2024年6月4日。

视野。早在21世纪初互联网初入中国之际，数据宝的创业者便展现出敏锐的洞察力，率先意识到数据在互联网时代所蕴含的独特价值，并于上海积极投身数据开发和数据商业化等前沿领域的实践，堪称中国数据要素市场化探索的先驱者。中国社会科学院数量经济与技术经济研究所联合贵州省社会科学院，对数据宝及其关联合作企业展开了多次深度调研。在调研期间，研究团队与数据宝公司董事长汤寒林先生及相关业务管理人员进行了多次深入的访谈和会议交流。通过对数据宝这一典型案例的细致剖析，全方位展现了数据要素市场化的实践模式与发展路径，并在此基础上出版了《数据要素市场化"数据宝模式"研究》。该书核心聚焦于"数据治理+积木化加工"，创新性地打通了数据流通的关键堵点。数据宝运用自主研发的三级数据治理技术，对来源广泛、格式多样、结构复杂的多源异构数据进行处理，随后将其加工成具有特定功能和价值的"数据积木"。这些"数据积木"具备高度的灵活性，可根据不同用户在金融、物流、保险等多个领域以及众多复杂场景的多样化需求进行自由组合与复用。数据宝用市场化的方式实现国有数据资源高效配置、高效增值，为数据价值实现探索了一条重要道路。书中观点得到各级领导和学界的一致好评。

为深入贯彻落实党中央、国务院关于加快数据要素市场化配置改革的决策部署，贵州省积极响应财政部关于数据资产管理试点和相关部门关于数据资源开发利用与资产登记相关工作安排，启动了贵州省数据资产管理试点工作。这也是全国首批试点。数据宝是贵州在全国率先实施大数据战略的产物，也是贵州实践大数据战略，探索数据资产全过程管理"贵州经验"的先行者和引领者。在前期数据加工、开发和治理的基础上，针对数据大规模开发利用和价值实现的需要，数据宝围绕数据要素市场建设和经济社会智能化持续创新，开发了全国首个数据资产管理系统，可以提供从数据确权、估值到入表的全流程专业服务，公司运用区块链技术确权，基于多因素对数据进行科学估值和资产定价，助力企业将数据资产入表，转化为融资和增值的核心资产，已助力多家制造业企业获得千万级数据资产质押贷款，协助金融机构实现亿级数据资产增厚。此外，针对人工智能快速发展趋势，数据宝不仅实现利用 AI 构建高质量行业数据集为企业提供优质数据资源，实现借助 AI 工具完成从数据清洗到决策引擎的全链条升级，还部署企业级私域算力中心保障计算能力，构建了基于"数据+算力+算法"的产业智能转型引擎，完成了"数据价值化—资本化—生产力重构"的闭环，对推动数据在人工智能时代的深度应用和促进产业智能化进行了有益探索。

鉴于数据宝在数据价值的实现，尤其是在数据资产化领域的持续创新和实践探索取得的显著成效，中国社会科学院数量经济与技术经济研究所联合贵州省社会科学院再次对数据宝展开深度调研，获取了大量具有代表性的实践案例以及宝贵的一手资料。通过对这些资料的系统分析与总结，提炼出数据宝在数据资产化方面的典型实践经验，形成了《数据价值实现：数据资产化的"数据宝模式"研究》一书。

调研是要"深入基层、走进群众、体察实情、解剖麻雀"，实现从"解剖一个问题"到"解决一类问题"。该书虽然是基于"解剖"数据宝这个"小麻雀"，也希望能为产业界探索数据价值实现提供重要借鉴范例，为各地开展数据资产管理试点提供有益启示，同时能进一步丰富数据价值化尤其是数据资产化理论研究，并对相关部门加快健全完善数据资产化相关政策发挥参考作用。

李海舰

2025 年 5 月

摘要： 数据是数字经济时代的关键生产要素。人工智能革命背景下，促进数据流通、激活数据价值不仅是推动数字经济做强做优做大的内在要求，也是培育发展新质生产力的重要路径，是构筑国际竞争新优势的关键抓手。数据价值化是一个多维体系，包括数据的资源化、商品化、资产化、资本化与场景化。资源化强调数据采集与治理，商品化推动数据标准化交易，资产化将数据转化为现实可货币化可交易资产，资本化则实现将数据要素转化为资本要素，场景化则强调数据与应用场景和 AI 等技术结合使数据成为现实生产力。

尽管中国数据市场已快速扩展至超 1600 亿元规模，市场主体与模式不断丰富，但仍面临产权不清、规则碎片、法律风险与技术短板等结构性问题。为深入剖析这些制约因素，提出构建中国特色数据要素市场的系统解决方案，本书以贵州数据宝网络科技有限公司（以下简称"数据宝"）为核心案例，系统分析了其在数据资产化领域的理论创新与实践路径。

数据宝聚焦国有数据，通过"四化建设"与"数据老中医理论"，构建了多行业适用的数据价值释放体系，落实"一可三不可"机制，实现"归集时权属分离、使用中可用不可见"。在理论建构上，数据宝提出"数据雪球理论"，构建"资源—资产—资本"闭环，强调数据价值的指数成长；在实践中形成"九步法"资产入表流程，实现数据资产可视、可控、可操作。结合"三平台一硬件"，打造出"1+3+1"标准化全链路解决方案，并在多个行业和地区广泛落地，形成"数据宝模式 2.0"，为行业数字化转型、风险治理、提升融资能力和运营效率提供了切实路径和经验。

人工智能赋能数据与场景的结合有利于形成"数据要素×"效应。人工智能模型经历通用—行业—企业—业务的演进路径，推动数据从"原始记录"向"核心生产力"跃升，构建"数据输入—模型输出—反馈优化"的闭环体系。数据宝通过知识蒸馏、迁移学习、轻量化部署等技术手段，在智能制造、企业管理、公共治理等场景实现智能应用落地，形成以人工智能驱动的数据价值转化闭环。

数据资产化是数据价值化的关键路径，"数据宝模式 2.0"在估值方法、服务体系与制度反馈方面形成可复制经验。未来，数据价值化将持续呈现深度融合、市场成熟与人工智能赋能三大趋势。为此，应建立系统政策体系，明确产权边界、规范使用规则、构建收益分配机制，推进数据从资源到资产再到价值的高效跃迁，推动形成面向高质量发展的数据要素新格局。

关键词：数据价值化；数据资产化；数据要素市场

Abstract: Data is a key factor of production in the digital economy era. In the context of the artificial intelligence revolution, promoting data circulation and activating data value is not only an inherent requirement for promoting the strengthening, optimization, and expansion of the digital economy, but also an important path for cultivating and developing new quality productive forces, and a key lever for building new international competitive advantages. Data valorization is conceptualized as a multi-dimensional process encompassing dataresourceization, commodification, assetization, capitalization, and contextualization. Resourceization involves data collection and governance; commodification promotes standardized data transactions; assetization integrates data into corporate accounting through ownership definition and valuation; capitalization enables financial returns via securitization; and contextualization embeds data into business operations using technologies such as artificial intelligence (AI), thereby unlocking its productive value.

Despite rapid expansion of China's data market—expected to exceed RMB 160 billion in scale—systemic challenges remain, including unclear property rights, fragmented rules, legal uncertainties, and technological bottlenecks. To address these constraints, the study proposes a systematic solution for developing a data factor market with Chinese characteristics, using ChinaDataPay (Data Treasure) as a core case. This analysis explores its theoretical innovations and practical approaches to data assetization.

Focusing on state-owned data, ChinaDataPay has developed a cross-industry data valorization system through the "Four Transformations" framework and the "Traditional Chinese Medicine Theory of Data". It operationalizes the "One Can, Three Cannots" mechanism and the principle of "ownership separation during aggregation and limited visibility during use". The platform introduces the "Data Snowball Theory" to model an exponential growth loop from data resources to assets to capital. Practically, it has institutionalized a "Nine-Step Method" for data asset registration, ensuring transparency, controllability, and operability. Combined with the "Three Platforms and One Hardware" framework, it forms the standardized "1+3+1" full-chain solution, now widely implemented across industries and regions. These efforts constitute the ChinaDataPay Model 2.0, offering actionable pathways for digital transformation, risk governance, financing, and operational efficiency.

Introducing AI into the combination of data and scenarios can create a multiplier effect of data elements. AI model evolution follows a general-to-specific trajectory (general—industry—enterprise—business), facilitating the transition of data from raw records to core productive assets. This forms a closed-loop cycle of data input, model output, and feedback optimization. ChinaDataPay leverages techniques such as knowledge distillation, transfer learning, and lightweight deployment to enable intelligent applications in scenarios like smart manufacturing, enterprise management, and public governance, ultimately constructing a closed-loop, AI-driven data valorization ecosystem.

The study argues that dataassetization is the pivotal pathway to realizing data value. The ChinaDataPay Model 2.0 provides replicable experience in valuation methodologies, service systems, and institutional feedback. Looking forward, data valorization will continue to exhibit three major trends: deep integration, market maturity, and AI empowerment. To support this transformation, a comprehensive policy framework should be established to clarify property boundaries, standardize usage rules, and construct mechanisms for benefit distribution—advancing the efficient transition of data from a resource to an asset and ultimately to a value-bearing factor, and fostering a high-quality, data-driven economy.

Key Words: Data Valorization; Data Assetization; Data Factor Market

目 录

一 数据价值化的时代背景与战略意义 ……………… (1)
    （一）数据价值化的时代背景 …………………………… (1)
    （二）数据价值化的战略意义 …………………………… (9)

二 数据价值化的基本理论分析 ……………………… (16)
    （一）数据价值化的内涵与基本路径 …………………… (16)
    （二）数据资源化：数据从原始信息到可用
          资源的转化 ………………………………………… (21)
    （三）数据商品化：数据转化为可交易商品的
          增值过程 …………………………………………… (23)
    （四）数据资产化：数据成为可量化可交易的
          资产 ………………………………………………… (25)
    （五）数据资本化：数据要素置换为资本
          要素 ………………………………………………… (30)
    （六）数据场景化：数据与应用场景结合
          创造新价值 ………………………………………… (32)

三 中国数据价值化的实践探索与突出问题 ………… (35)
    （一）中国数据价值化的发展概况 ……………………… (35)
    （二）数据价值化推进过程中存在的主要
          问题与障碍 ………………………………………… (42)

（三）数据价值化问题的成因剖析 …………………（50）
　　（四）数据价值化问题的解决前景与路径
　　　　 展望 ………………………………………………（60）

四　数据宝数据资产化的基础 ……………………………（62）
　　（一）聚焦国有数据价值释放 ……………………………（62）
　　（二）"四化建设"实现数据资源化商品化 ……………（70）
　　（三）"数据老中医理论"支撑价值增值 ………………（78）

五　数据宝数据资产化路径分析 …………………………（81）
　　（一）数据雪球：数据宝数据资产化理论 ………………（81）
　　（二）"九步法"：数据资产入表实践操作
　　　　 流程 ………………………………………………（90）
　　（三）数据宝数据资产化全链路解决方案 ………………（102）

六　数据资产化的"数据宝模式"典型实践 ……………（110）
　　（一）工业数据资产化实践案例 …………………………（110）
　　（二）农业数据资产化实践案例 …………………………（114）
　　（三）商贸流通数据资产化实践案例 ……………………（116）
　　（四）交通数据资产化实践案例 …………………………（119）
　　（五）金融数据资产化实践案例 …………………………（122）
　　（六）文旅数据资产化实践案例 …………………………（125）
　　（七）医疗健康数据资产化实践案例 ……………………（128）
　　（八）房地产数据资产化实践案例 ………………………（131）

七　人工智能赋能场景强化"数据要素×"
　　效应 ………………………………………………………（135）
　　（一）人工智能模型演进：从通用走向业务的
　　　　 场景赋能逻辑 ……………………………………（136）

（二）人工智能驱动下"数据要素×"场景体系的
　　　　深化机理 …………………………………………（140）
　　（三）人工智能与大数据融合发展趋势对数据
　　　　价值化的影响 ……………………………………（150）
　　（四）数据宝的行业人工智能大模型探索……………（155）

八　以数据资产化深入推进数据价值实现的政策
　　建议 ……………………………………………………（162）
　　（一）"数据宝"模式的贡献与启示 ……………………（162）
　　（二）数据价值化的未来图景 …………………………（165）
　　（三）加快数据资产化推动数据价值化的政策
　　　　建议 ………………………………………………（168）

结　　语 ……………………………………………………（183）

参考文献 ……………………………………………………（185）

一　数据价值化的时代背景与战略意义

数字经济是继农业经济、工业经济之后的新经济形态。数据是数字经济时代的新型生产要素，也是推动数字经济做强做优做大的基础性和战略性资源。目前，数据要素已经广泛渗透融入生产、分配、流通、消费等经济社会各个领域各个环节，数据价值化是激发数据要素活力、释放数据价值、培育新质生产力的关键抓手，也是推动经济高质量发展和实现中国式现代化的重要路径。

（一）数据价值化的时代背景

1. 数据是数字经济时代的核心和关键生产要素

习近平总书记指出，"近年来，互联网、大数据、云计算、人工智能、区块链等技术加速创新，日益融入经济社会发展各领域全过程，各国竞相制定数字经济发展战略、出台鼓励政策，数字经济发展速度之快、辐射范围之广、影响程度之深前所未有，正在成为重组全球要素资源、重塑全球经济结构、改变全球竞争格局的关键力量"。[①]

马克思在《资本论》中指出："各种经济时代的区别，不在

[①]《习近平著作选读》第二卷，人民出版社2023年版，第534页。

于生产什么，而在于怎样生产，用什么劳动资料生产。"① 人类经济发展史本质上是生产要素迭代升级的历史。数字经济是继农业经济和工业经济之后的新经济形态（见图1-1）。从农业经济的土地依赖、工业经济的资本驱动到数字经济的数据赋能，生产要素的变迁不仅改变了生产方式，更重塑了社会形态与经济增长范式。农业经济以土地和劳动力为核心要素，生产受气候、土壤条件等自然条件限制，形成"土地—劳动—农产品"的价值链，组织形态以家庭、庄园为单位的小农经济。工业经济在保留土地和劳动力要素基础上，引入资本和技术，构建"资本—技术—工业品"的规模化、机械化的生产体系。数字经济进一步叠加数据要素，依托互联网、人工智能等技术，形成"数据—算法—服务"的新型价值网络，创造出平台经济、网络经济等新经济、新业态。

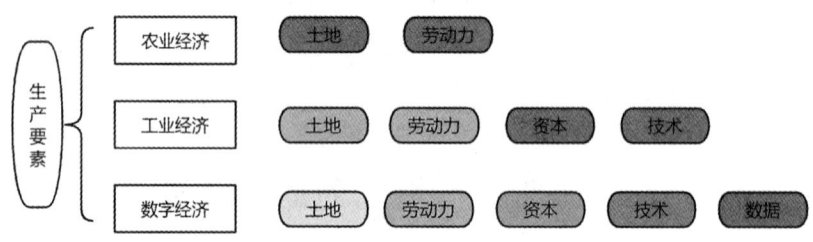

图1-1 不同经济形态下生产要素类型与重要性

资料来源：作者自绘。

注：颜色越深表明越重要。

数据作为新型生产要素，其独特的经济属性与重要作用在数字经济时代更加凸显，数据成为数字经济发展的"血液"与基石。与土地、资本、劳动力等传统生产要素不同，数据具有非竞争性、非排他性和可复制性等显著特点。非竞争性意味着

---

① 《资本论》第一卷，中共中央马克思恩格斯列宁斯大林著作编译局译，人民出版社1975年版，第204页。

数据在被一个主体使用的同时，不影响其他主体对其的使用，例如，一家电商企业利用大数据进行精准营销，并不妨碍其他企业运用类似的数据进行市场分析与营销策略制定；非排他性使得数据一旦产生，很难限制他人获取和使用，如公开的行业统计数据，众多企业均可获取并从中挖掘价值；可复制性则能让数据以极低的成本无限复制，实现广泛传播与共享，进一步扩大其应用范围和价值创造空间。

数据要素的广泛应用，有助于促进传统产业转型升级，优化企业资源配置，提高企业全要素生产率。通过对生产数据的实时监测与分析，企业可以及时发现生产过程中的问题，优化生产流程，提高产品质量；利用销售数据和市场数据，企业能够精准把握市场需求，调整产品结构，开展精准营销，提升市场份额。截至2023年底，中国已培育421家国家级智能制造示范工厂、万余家省级数字化车间和智能工厂，拥有62家"灯塔工厂"，制造业重点领域关键工序数控化率、数字化研发设计工具普及率分别达62.2%和79.6%，制造业数字化水平快速提升。数据要素催生出全新的产业形态，催生了诸如大数据服务、云计算、人工智能等一系列新兴产业。这些新兴产业以数据为核心资源，凭借创新的商业模式和技术应用，满足了市场多样化的需求，成为经济增长的新引擎。数据显示，2024年前7个月，中国IPTV、互联网数据中心、大数据、云计算、物联网等新兴业务共完成业务收入2584亿元，同比增长11%。[①]

数字经济的快速发展深刻改变了各个领域的运行模式，同时对数据质量和数据价值化提出了迫切且多元的需求。但是，目前来看，中国数据要素化还处于初步探索阶段，数据利用率较低，绝大多数数据处于沉睡状态。根据全国信息技术标准化

---

① 李芃达：《从11.2万亿元到53.9万亿元》，《经济日报》2024年9月24日。

委员会大数据标准工作组的统计，2017—2021年中国数据量年均增长率为40%，但被利用的数据量年均增长率仅为5.4%（李海舰等，2024）。2023年中国科学院院士梅宏在贵阳数博会上的数据要素化十问（能否以及怎样把数据列为资产？数据要素如何加入生产函数？如何理解数据的权属性质，怎样确权？如何实现公共数据的真正开放？如何构建高效的数据流通交易体系？如果数据要变现和流通，有没有可度量的基本单元？怎样度量评估数据的价值？怎样合理分配数据带来的收益？如何平衡发展与安全？如何为数据要素化提供技术支撑？）尚未得到解答。数据价值化面临数据确权、数据流通、数据交易、利益分配、安全隐私、个人意识等诸多障碍和挑战，数据要素价值化成为数字经济高质量发展亟待解决的重要问题之一。

2. 人工智能革命加速驱动数据价值化

人工智能正在成为引领新一轮科技革命和产业变革的核心代表性技术。人工智能的核心特征是数据与智能计算的深度融合。一方面，随着计算机、互联网、手机等设备的普及，个人在生活消费过程中，企业在生产过程中，政府在运行管理过程中，都会产生大量数据，为人工智能发展提供了必不可少的"燃料"。数字基础设施完善为海量数据的采集、存储、流通和交易提供了物理载体和技术支撑。大数据平台、云计算、芯片的普及和提升，使得海量数据不仅能够高效地被存储，还能够在全球范围内流通，支持跨国家、跨领域、跨行业的数据交换和融合。数据和数据价值化的过程为人工智能发展提供了坚实支撑。

另一方面，生成式人工智能、云计算、物联网等技术的突破，进一步催生数据需求和加速数据产生。数据总量呈现指数式增长，全球数据生产总量从2018年的64.2ZB增长至2014年的147ZB，中国数据生产总量从2018年的6.6ZB增长至2024年的 41.06ZB（见表 1-1）。中国信息通信研究院估计到 2035 年，全球数据量将达 2142ZB，是 2020 年数据量的 45—46 倍。

表 1-1　　　　2020—2024 年全球与中国数据生产总量

年份	全球数据生产总量	中国数据生产总量
2020	64.2 ZB	6.6ZB
2021	79.0 ZB	9.0ZB
2022	97.0 ZB	13.6ZB
2023	120.0 ZB	32.85ZB
2024	147.0ZB	41.06ZB

资料来源：PXR Italy Report，IDC：*DataSphere and StorageSphere Forecast*，中国信息通信研究院《中国数字经济发展研究报告》，全国数据资源调查工作组《全国数据资源调查报告》等系列研究报告。

大模型加速驱动数据要素价值化。生成式大模型的出现和算法的不断优化，使得数据的分析和利用变得更加智能化和高效化，进一步释放数据潜力。2025 年 1 月 11 日，中国国产 AI 大模型 DeepSeek 正式上线移动端 App，仅一个月累计下载量超 1.1 亿，周活跃用户近 9700 万，单日 API 调用峰值达 47 亿次，月访问量达 5.25 亿。个人和企业越来越多地采用人工智能和机器学习，从数据中获取新的见解和想法，推动创新范式从假设驱动转变为数据驱动。芯片、算法和生成式大模型的进步，前所未有地挖掘数据的潜力，释放数据的价值。数据不再是简单的信息存储，而是个人和企业竞争的核心资产，具备了实际的经济效益和商业价值。

3. 国家战略和制度创新高度重视数据价值化

建设数字中国是数字时代推进中国式现代化的重要引擎，是构筑国家竞争新优势的有力支撑。党的十八大以来，党中央高度重视发展数字经济，将其上升为国家战略。自 2014 年"大数据"第一次写入政府工作报告，国家陆续出台了多项政策，为数据要素市场发展和数据市场化价值化提供了坚实的政策保障和战略指引。2015 年国务院印发《促进大数据发展行动纲要》①，2019 年党的十九届四中全会《中共中央关于坚持和完善中国特色社会主义制度 推进国家治理体系和治理能力现代化若干重大问题的决定》中，首次明确将数据作为生产要素参与社会分配②。2020 年，《中共中央 国务院关于构建更加完善的要素市场化配置体制机制的意见》强调要加快培育数据要素市场③，充分发挥数据在经济发展中的重要作用。2022 年《中共中央国务院关于构建数据基础制度 更好发挥数据要素作用的意见》（简称"数据二十条"）首次系统构建了数据产权、流通交易、收益分配、安全治理四大制度体系，明确数据要素按贡献参与分配的机制④。2023 年财政部发布的《企业数据资源相关会计处理暂行规定》，首次允许符合条件的数据资源作为"无形资产"或"存货"入表，解决了数据资产财务确认的难题。⑤

2023 年 10 月国家数据局正式挂牌成立，标志着数据要素管理进入统筹推进新阶段。国家数据局等部门 2024 年 1 月印发《"数据要素×"三年行动计划（2024—2026 年）》，提出要充

---

① 《促进大数据发展行动纲要》，《中国电子报》2015 年 9 月 8 日。

② 《中共中央关于坚持和完善中国特色社会主义制度 推进国家治理体系和治理能力现代化若干重大问题的决定》，人民出版社 2019 年版，第 19 页。

③ 《中共中央 国务院关于构建更加完善的要素市场化配置体制机制的意见》，人民出版社 2020 年版，第 8 页。

④ 《中共中央国务院关于构建数据基础制度 更好发挥数据要素作用的意见》，《人民日报》2022 年 12 月 20 日。

⑤ 《关于印发〈企业数据资源相关会计处理暂行规定〉的通知》，财会〔2023〕11 号，2023 年 8 月 1 日。

分发挥数据要素乘数效应。2024年5月，国家发展改革委、国家数据局等部门联合印发《关于深化智慧城市发展 推进城市全域数字化转型的指导意见》①，明确提出要构建数据要素赋能体系，加快推进数据产权、流通交易、收益分配、安全治理等制度建设。2024年9月中共中央办公厅、国务院办公厅出台《关于加快公共数据资源开发利用的意见》及配套的"1+3"政策体系（《公共数据资源登记管理暂行办法》②《公共数据资源授权运营实施规范（试行）》③《关于建立公共数据资源授权运营价格形成机制的通知》④），首次系统性解决公共数据流通难题。2024年12月财政部发布《数据资产全过程管理试点方案》⑤，明确应登尽登原则，推动企业数据资产入表及税收优惠，为数据要素市场奠定制度基础。2025年1月6日，国家发展改革委等部门联合发布《关于完善数据流通安全治理 更好促进数据要素市场化价值化的实施方案》⑥。2025年2月18日，国家数据

---

① 《国家发展改革委 国家数据局 财政部 自然资源部 关于深化智慧城市发展 推进城市全域数字化转型的指导意见》，发改数据〔2024〕660号，2024年5月14日。

② 《国家发展改革委 国家数据局关于印发〈公共数据资源登记管理暂行办法〉的通知》，发改数据规〔2025〕26号，2025年1月8日。

③ 《国家发展改革委 国家数据局关于印发〈公共数据资源授权运营实施规范（试行）〉的通知》，发改数据规〔2025〕27号，2025年1月8日。

④ 《国家发展改革委 国家数据局关于建立公共数据资源授权运营价格形成机制的通知》，发改价格〔2025〕65号，2025年1月16日。

⑤ 《关于印发〈数据资产全过程管理试点方案〉的通知》，财资〔2024〕167号，2024年12月19日。

⑥ 《国家发展改革委等部门印发〈关于完善数据流通安全治理 更好促进数据要素市场化价值化的实施方案〉的通知》，发改数据〔2025〕18号，2025年1月6日。

局综合司、公安部办公厅发布《全国数据资源统计调查制度》①。

在国家战略和政策引领下，地方积极探索，先行先试，摸索数据要素化、市场化、价值化有效路径。北京创建数据基础制度先行区，北京市经济和信息化局 2023 年发布《北京数据基础制度先行区创建方案》，提出到 2030 年建成"数据要素市场化配置的政策高地"，构建"2+5+N"基础架构，包含智能算力基础设施、数据资产登记平台及金融、政务、医疗等数据专区，率先探索数据资产入表、入股等应用场景，支持市属国企数据资产纳入国有资产保值增值机制。上海市自 2022 年起施行《上海市数据条例》②，2023 年发布《上海市促进浦东新区数据流通交易若干规定（草案）》③ 和《立足数字经济新赛道推动数据要素产业创新发展行动方案（2023—2025 年）》④，探索数据资产化和会计处理的实施路径，建立数据交易服务费"免申即享"补贴机制，探索数据产品和服务首购首用奖励。海南发布《海南自由贸易港数字经济促进条例》⑤ 和《海南自由贸易港国际数据中心发展规定》⑥，支持境内外企业利用跨境数据专用通道开展国际数据存储、加工和交易业务。海南还统筹建设数据交易场所，推动国际数据交互试点，助力数字经济国际化。

---

① 《国家数据局综合司 公安部办公厅关于印发〈全国数据资源统计调查制度〉的通知》，国数综资源〔2025〕26 号，2025 年 2 月 18 日。

② 《上海市数据条例》，《解放日报》2021 年 12 月 7 日。

③ 《上海市促进浦东新区数据流通交易若干规定（草案）》，上海市人大常委会办公厅公告，2023 年 7 月 26 日。

④ 《上海市人民政府办公厅关于印发〈立足数字经济新赛道推动数据要素产业创新发展行动方案（2023—2025 年）〉的通知》，沪府办发〔2023〕14 号，2023 年 7 月 22 日。

⑤ 《海南自由贸易港数字经济促进条例》，《海南日报》2024 年 11 月 13 日。

⑥ 《海南自由贸易港国际数据中心发展规定》，《海南日报》2024 年 11 月 30 日。

由此可见，现有从数据基础制度构建和国家机构改革等顶层设计，到初步形成"制度改革+专项行动+地方试点"的协同推进模式，都彰显了新时期推动数据价值化的战略重要性。与此同时，据不完全统计，截至2024年3月底，全国共计成立58家数据交易机构，包括北京国际大数据交易所、上海数据交易协会。《数据要素白皮书（2024年）》①显示，截至2024年7月，中国已有243个地方政府上线数据开放平台，各地平台上开放的有效数据集达370320个，与2023年下半年相比，新增17个地方平台，平台总数增长约8%。如何把数据价值释放和利用起来，探索有效高效的数据价值实现路径，无疑是未来改革探索的重要任务。

（二）数据价值化的战略意义

1. 数据价值化是推动数字经济做强做优做大的内在要求

习近平总书记指出，"我们要站在统筹中华民族伟大复兴战略全局和世界百年未有之大变局的高度，统筹国内国际两个大局、发展安全两件大事，充分发挥海量数据和丰富应用场景优势，促进数字技术和实体经济深度融合，赋能传统产业转型升级，催生新产业新业态新模式，不断做强做优做大我国数字经济"②。党的二十大报告强调，"加快发展数字经济，促进数字经济和实体经济深度融合，打造具有国际竞争力的数字产业集群"③。党的十八大以来，中国先后印发数字经济发展战略、

---

① 中国通信标准化协会、大数据技术标准推进委员会：《数据要素白皮书（2024年）》，2024年10月。

② 《习近平著作选读》第二卷，人民出版社2023年版，第537页。

③ 习近平：《高举中国特色社会主义伟大旗帜 为全面建设社会主义现代化国家而团结奋斗——在中国共产党第二十次全国代表大会上的报告》，人民出版社2022年版，第30页。

"十四五"数字经济发展规划，推动数字经济蓬勃发展。数字经济已经成为中国经济发展中创新最活跃、增长速度最快、影响最广泛的领域，数字经济规模由2012年的11.2万亿元增长至2023年的53.9万亿元，11年间规模扩张了3.8倍。

数据要素作为数字经济发展的核心"软件"支撑，具有基础性战略资源和关键性生产要素双重属性[1]。《数字经济及其核心产业统计分类》明确将数据资源管理纳入核心产业范畴，《中国数字经济发展白皮书》指出数字经济由数据价值化、数字产业化、产业数字化、数字化治理四大部分所构成[2]。数字经济蓬勃发展的时代背景下，数据价值化已成为推动数字经济做优做强的重要组成部分。数据价值化的本质是依托数据全生命周期的价值形成、价值创造、价值实现、价值共享过程，是推动数据要素协同其他生产要素集聚、向现实生产力转化、提高全要素生产率的重要手段，是加速新质生产力形成的重要前提[3]。一方面，数据价值化通过重构产业价值链，推动数字经济从规模扩张转向质量提升。从理论角度来看，传统产业数智化转型的核心在于利用数据要素对传统生产方式进行全方位、深层次的改造，实现生产过程的数字化、智能化和网络化。数据价值化能够帮助传统企业打破信息壁垒，实现生产、管理、销售等各个环节的数据互联互通，从而优化资源配置，提高生产效率，降低成本。

另一方面，数据价值化有助于推动数字产业集群，促进数字经济快速发展。数字产业集群的形成与发展，本质上是数据

---

[1] 白京羽、郭建民：《把握推进数字经济健康发展"四梁八柱"做强做优做大我国数字经济》，《中国经贸导刊》2022年第3期。
[2] 参见中国信息通信研究院《中国数字经济发展研究报告（2024年）》，2024年8月。
[3] 胡继晔、付炜炜：《数据要素价值化助力培育新质生产力》，《财经问题研究》2024年第9期。

要素在产业生态中高效配置与协同作用的结果。数据作为数字经济时代的关键生产要素，具有强大的聚合效应，能够吸引各类创新资源向特定区域集聚。大量的数据资源能够吸引数据挖掘、数据分析、数据存储等相关企业汇聚，形成完整的数据产业链。这些企业在集聚过程中，通过共享数据资源、技术和人才，实现优势互补，降低交易成本，提高创新效率，进而推动数字产业集群的发展壮大①。数据价值化还能促进产业集群内企业之间的协同创新。企业通过对数据的深度分析和挖掘，能够洞察市场需求和技术发展趋势，及时调整产品和服务策略，与集群内其他企业开展合作创新，共同开发新产品、新技术，拓展市场空间，提升产业集群的整体竞争力。

以贵州大数据产业集群的崛起为例，充分彰显了数据价值化在培育数字产业集群方面的显著成效。贵州凭借独特的地理优势和政策支持，积极推动数据中心建设，吸引了众多知名企业的数据资源汇聚。如苹果公司将其部分 iCloud 数据存储中心落户贵州，腾讯、阿里巴巴等互联网巨头也纷纷在贵州布局数据中心。大量的数据资源吸引了一系列大数据相关企业入驻，形成了涵盖数据存储、数据处理、数据分析、数据应用等多个领域的产业集群。这些企业通过数据共享与协同创新，推动了大数据技术在金融、医疗、政务等多个领域的广泛应用，提升了贵州大数据产业的整体竞争力。

2. 数据价值化是培育发展新质生产力的重要路径

推进经济高质量发展，必须积极培育和发展新质生产力②。数据作为关键生产要素，在新质生产力的培育与发展进程中扮

---

① 周海川、刘帅、孟山月：《打造具有国际竞争力的数字产业集群》，《宏观经济管理》2023 年第 7 期。

② 郑栅洁：《积极培育和发展新质生产力 推进经济高质量发展》，《宏观经济管理》2024 年第 4 期。

演着不可或缺的角色，其作用机制与生产力三要素理论紧密相连[①]。马克思主义政治经济学认为，生产力由劳动者、劳动资料和劳动对象三个基本要素构成，这三个要素的有机结合与协同作用推动了社会生产的发展。数字经济时代数据要素的融入为生产力三要素赋予了全新的内涵与活力，成为培育发展新质生产力的核心驱动力。

首先，数字经济时代，劳动力将成为新的数据消费者和生产者[②]。在劳动者层面，数据要素极大地激发了劳动者的创新活力，提升了劳动者的技能水平与综合素质，推动劳动者向数智化方向转型升级。数据知识与技能已成为劳动者必备的核心素养，劳动者通过掌握数据思维、数据分析技术和数据应用能力，能够更加高效地获取、处理和利用信息，洞察市场需求和技术发展趋势，从而在生产过程中提出创新性的解决方案。另外，数据要素拓展了劳动者的劳动边界，打破了传统劳动时间和空间的限制，使得劳动者能够更加灵活地参与劳动活动。在共享经济和平台经济模式下，劳动者通过互联网平台获取工作任务，利用自身技能和时间完成工作，实现了劳动力资源的优化配置。例如，滴滴司机通过滴滴出行平台获取乘客订单，根据乘客的位置和出行需求提供运输服务，实现了闲置劳动力与出行需求的高效匹配，提高了劳动效率和收入水平。

其次，劳动资料在数据要素的赋能下，实现了从传统实体工具向数智化工具的深刻变革，生产工具的智能化、自动化和网络化水平大幅提升，生产空间从实体车间向虚拟网络平台拓展。在智能制造领域，工业机器人、自动化生产线等智能生产设备广泛应用，设备通过内置的传感器和控制系统，实时采集

[①] 吕指臣、卢延纯：《数据要素高质量供给的全链路建设框架》，《宏观经济管理》2024年第9期。

[②] 朱兰：《人工智能与制造业深度融合：内涵、机理与路径》，《农村金融研究》2023年第8期。

生产过程中的数据，并根据数据分析结果自动调整生产参数和工艺流程，实现生产过程的精准控制和优化。同时，数据要素推动了生产链、供应链和价值链的深度融合，促进了产业链的现代化升级。企业通过数据共享和协同平台，实现了与供应商、合作伙伴和客户之间的信息实时交互和业务协同，优化了供应链管理，提高了产业链的整体竞争力。

最后，数据要素的融入极大地拓展了劳动对象的范畴，使劳动对象从传统的实体物质向数据资源领域延伸，海量的数据资源成为新的劳动对象，为新质生产力的发展提供了丰富的"质料"。《全国数据资源调查报告（2024年）》显示，2024年中国数据生产总量由2022年的26.83ZB增长到41.06ZB，同比增长25%，人均数据生产量约为31.31 TB。数据要素广泛参与生产经营活动，催生了一系列新业态、新模式，如数字孪生、虚拟现实、区块链应用等。以数字孪生技术为例，通过构建物理实体的数字化模型，实时映射物理实体的状态和行为，实现对物理实体的实时监测、优化控制和预测性维护。在城市管理中，利用数字孪生技术构建城市的三维模型，整合城市交通、能源、环境等多源数据，实现对城市运行状态的实时模拟和分析，为城市规划、管理和决策提供科学依据，推动城市治理向智能化、精细化方向发展。

3. 数据价值化是构筑国际竞争新优势的关键抓手

人工智能是引领新一轮科技革命和产业变革的战略性技术，也是建设数据空间、挖掘数据价值、释放数据潜力的基础性技术。人工智能发展具有溢出带动性很强的"头雁"效应，直接关系全球科技竞争主动权。因此，人工智能领域的竞争也是当前国际科技经济竞争的焦点。据《2024全球数字经济白皮书》指出，截至2024年第一季度，全球人工智能企业近3万家，美国占全球的34%，居第一位，中国占全球的15%，居第二位。

为了遏制中国人工智能等高科技产业发展，美国通过《2022年芯片与科学法案》《出口管制改革法案》《外国直接产品规则》等法律，限制高性能计算、AI训练所需GPU、高带宽存储器等关键组件的高端芯片对中国出口。2025年1月美国商务部工业与安全局（BIS）发布了《人工智能扩散框架》的临时最终规则（Interim Final Rule，IFR），进一步限制先进计算芯片及闭源AI模型的出口，并将智算芯片公司算能科技、智谱等14家中国企业列入实体清单，限制其获取高端半导体技术和设备。与此同时，美国以国家安全为由对中国企业实施数据安全审查与制裁。TikTok、华为、中兴等企业先后因数据隐私、国家安全问题被美、欧限制市场准入或实施制裁，将数据安全议题政治化。2025年，美国进一步以涉及军事用途为由，将科益虹源等企业列入实体清单，限制其参与国际技术合作。

随着人工智能大模型等应用爆发式发展，数据量大幅上升，智能算力需求激增，数据资源、高端芯片等成为主要国家战略资源和科技竞争焦点。近年来，各国围绕数据要素强化战略布局，颁布多项法律、政策、规划等，统筹数据发展与数据安全。全球数据空间建设加速，欧洲形成160个数据空间实例，较2023年同比增长60%，其中公共、行业和应用案例分别为19个、63个、77个；日本启动Ouranos计划，在新兴产业创新、城市公共服务、新能源汽车及电池、金融交易四大领域开展建设①。

数据本身并不会自动创造价值。从生产要素的角度，数据只有与生产过程中的具体场景以及AI等技术结合，才能激活数据生产要素属性，充分发挥数据要素的经济价值。在人工智能与数字经济成为大国博弈核心战场的背景下，数据价值化既是

---

① 中国信息通信研究院安全研究所：《数据要素流通视角下数据安全保障研究报告》，2022年12月。

技术经济命题,更是保障国家安全与战略自主的关键。从人工智能的技术经济特征和发展趋势来看,数据价值化是人工智能发展的关键必备要素,也是构建国际竞争新优势的"钥匙"。

二 数据价值化的基本理论分析

在数字经济时代，数据已成为推动经济增长、促进产业升级的关键生产要素。数据价值化的核心逻辑是通过制度安排与技术机制，将分散无序的原始数据从低密度资源转化为可创造物质财富的新型生产要素，转化为可确权、可交易、可融资的标准化资产，为数据融入现代化经济体系提供基础支撑。不同机构和学者对数据价值化有着不同的理解与解读，深入剖析这些观点，并结合实际经济理论与实践，有助于更全面地把握数据价值化的本质，探索其有效的实现路径。

（一）数据价值化的内涵与基本路径

1. 数据要素的独特属性

数据要素与传统的劳动和资本等生产要素相比，具有诸多独特属性。一是数据具有非竞争性[1]，同一数据可以在不影响其使用价值的情况下被多个主体同时使用，其额外使用的边际成本为零[2]，这与劳动和资本在使用过程中的排他性形成鲜明对

---

[1] 徐翔、厉克奥博、田晓轩：《数据生产要素研究进展》，《经济学动态》2021年第4期。

[2] Veldkamp L., Chung C., "Data and the Aggregate Economy", *Journal of Economic Literature*, Vol. 62, No. 2, 2024.

比。二是数据具有边际成本递减的特性①。在数据的生产和使用过程中，初始的数据采集和处理可能需要投入较高成本，但随着数据量的增加和使用次数的增多，每增加一次使用的边际成本会逐渐降低。相比之下，劳动和资本要素的边际成本往往会随着投入的增加而上升。三是数据具有无限增长性和可复制性②。劳动和资本受限于资源的有限性，而数据的产生是源源不断的，企业可以在原始数据的基础上，进行无限清洗、无限加工、无限应用，实现"一次性生产，无限次复用"，并且可以低成本地进行复制和传播。社交媒体平台上每天产生的海量用户数据，就是数据无限增长性和可复制性的体现。这些独特属性使得数据要素在价值化过程呈现出与其他要素不同的特点，也为数据价值化提供了更多的可能性和多重路径。

2. 数据价值化的内涵

在数据价值化内涵的研究领域，不同观点各有侧重与差异。中国信息通信研究院政策与经济研究所提出数据价值化的"三化"过程，即从数据资源化出发，历经数据资产化、数据资本化阶段，最终实现数据要素价值释放③。与此类似，尹西明等人认为，数据价值化实现的逻辑是，在数据通过"提纯"提高数据质量的基础上，明晰数据产权，评估数据价值，确定数据价格，促进数据流通和交换，增加数据应用，实现数据价值增值，即遵循"数据资源化—数据资产化—数据资本化"的演进路径④。该观点构建

---

① 李海舰、赵丽：《数据价值理论研究》，《财贸经济》2023年第6期。

② 刘洋、董久钰、魏江：《数字创新管理：理论框架与未来研究》，《管理世界》2020年第7期。

③ 中国信息通信研究院政策与经济研究所：《数据价值化与数据要素市场发展报告（2024年）》，2024年9月。

④ 尹西明等：《数据要素价值化动态过程机制研究》，《科学学研究》2022年第2期。

了一个较为系统的数据价值化框架，明确了数据在不同阶段的转化过程和目标。然而，这一观点突出了数据资本化的重要性，给人一种资本化是数据价值化最终归途的感觉，且在一定程度上忽略了数据商品化以及数据与实际应用场景深度结合的重要性，也有学者将数据商品化纳入其中构建"四化"模型，将数据价值化定义为企业在"数据资源化—数据资产化—数据商品化—数据资本化"的各个阶段中实施数据价值链行为[①]。这种观点虽然进一步完善了数据价值化的过程描述，但仍然是一种线性思维，且微观上并未能解释数据如何参与生产过程创造新价值。

本书认为，数据价值化是指将无序分散的原始数字信息经过集中、加工处理和配置转化为可以创造经济价值的生产要素的过程。数据价值化不仅仅是数据的简单收集和整理，更是要通过一系列的加工和配置手段，使其能够在生产过程中发挥作用，创造经济价值。从使用价值、交换价值、商品价值和金融价值的角度来看，数据的使用价值体现在它能够为企业的生产、经营和决策提供支持，帮助企业提高效率、优化资源配置。电商企业利用用户数据进行精准推荐，提升用户购买转化率，这就是数据使用价值的体现。数据的交换价值则是在数据交易市场中，数据作为商品进行交换时所体现的价值。当数据被加工成具有特定用途的数据产品并在市场上进行交易时，它就具备了商品价值。数据商品化的过程，就是赋予数据交换价值的过程。数据资产化则是将其转化为可货币计量的实物资产，使其同时具备进一步转化使用价值或金融价值的可能。数据资本化则是将数据资产转化为资本，通过融资、投资等金融手段实现数据的金融价值，为企业带来更多的经济收益。

---

① 朱秀梅等：《数据价值化：研究评述与展望》，《外国经济与管理》2023年第12期。

3. 数据价值化的基本路径

数据价值化过程要实现两次关键蜕变。一是数据从原始数字信息跃升为可用关键生产要素，这主要涉及数据资源化和数据场景化，其中数据资源化是基础，数据场景化是数据成为关键生产要素的微观机制。数据资源化是将原始的数字信息进行收集、整理、存储和清洗，使其成为有价值的数据资源。在这个阶段，数据可能还未直接产生经济价值，但为后续的价值创造奠定了基础。互联网企业每天收集大量的用户行为数据，这些数据经过初步处理后，成为企业可以利用的数据资源。数据场景化则是将数据资源与具体的业务场景相结合，使其能够在实际生产过程中发挥作用，创造价值。例如，在智能制造业中，通过收集生产设备的运行数据，并结合生产场景进行分析，可以实现设备的预测性维护，提高生产效率，降低成本。这就是数据场景化的过程，通过将数据与场景紧密结合，数据从单纯的信息转变为能够推动生产发展的关键要素。

二是从"信息载体"跃升为"价值载体"，这主要通过数据资产化和数据资本化来实现。数据资产化是指将数据资源确认为企业的资产，对其进行计量和报告，使其能够在企业的财务报表中体现价值。企业通过建立数据资产管理制度，以规范管理固化数据的收集、存储、使用等环节，将数据转化为企业的资产。数据资本化则是将数据资产进一步转化为资本，通过融资、投资等金融手段实现数据的价值增值。企业可以将数据资产作为抵押物进行融资，或者通过数据资产证券化等方式，将数据的未来收益转化为当前的资本流量。数据资本化不仅实现了数据的金融价值，也为企业的发展提供了更多的资金支持。

从要素配置的角度来看，数据价值化存在两条路径，即半市场化方式和市场化方式。半市场化方式主要包括政务数据的开放共享、公共数据的特许经营、公共数据的政府授权使用以及数据招商等。政务数据的开放共享可以促进社会各界对数据的利用，推动创新和发展。政府将交通流量数据开放给相关企业，企业可以利用这些数据开发智能交通应用，提高交通效率。公共数据的特许经营和政府授权使用则是在一定的监管框架下，将公共数据的使用权授予特定的企业或机构，使其能够利用这些数据开展业务活动，实现数据的价值。市场化方式则突出交易的自愿属性和支持企业以社会化、专业化方式从事数据产业。成立大数据交易所（中心），可以为数据的直接交易提供平台，促进数据的流通和价值实现。数据资源化后，企业可以将数据直接在大数据交易所进行交易，实现数据的交换价值。数据商品化后再流通也是市场化方式的重要体现，数据宝等企业通过对数据进行加工和处理，将其转化为数据产品后再进行流通，满足不同客户的需求，进一步挖掘数据的价值。在市场化方式下，企业可以根据市场需求和自身的技术优势，对数据进行深度开发和利用，实现数据价值的最大化。

  在数据价值化进程中，数据资源化、商品化、资产化、资本化和场景化紧密交织，并非简单的线性顺序关系，而是存在复杂的网络联系。数据资源化是将分散无序的数据加工整理成可用的数据资源，类似铁矿石加工，实现数据价值首次增值，形成初级数据产品；数据商品化是把数据和数据资源加工为可销售或使用的数据产品，直接变现或创造新价值，如数据宝曾采用市场化方式开展相关业务；数据资产化是通过确权、定价和入表等手段，使数据产品成为企业或组织的货币化资产，其作为标准物便于交易，促进了数据流通和价值释放；数据资本化则是将可量化、货币化的数据资产，借助质押融资、股权融资、证券融资等方式转化为数据资本，本质上是数据要素以资本形式参与经济活动实现价值转化，为数据资源和产品价值实现开辟新路径；数据场景化强调数据资源和多数数据产品需与生产场景及人工智能等技术结合才能创造新价值。对人工智能来说，其迭代升级和应用既依赖又产生大量特定场景数据，满足场景使用可推动数据价值合法合规流通（见图2-1）。

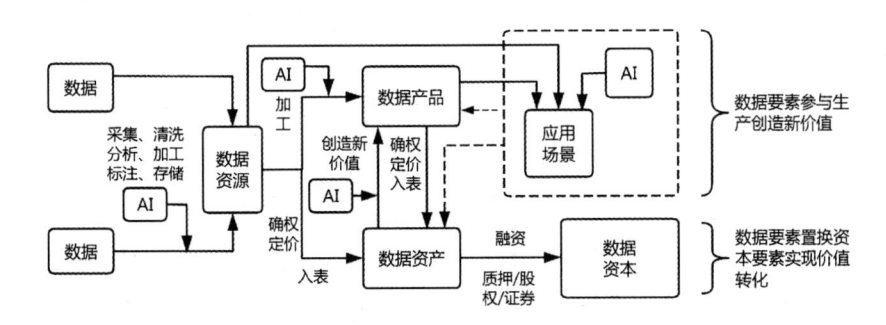

图 2-1　数据价值化的基本路径示意图

资料来源：作者自绘。

（二）数据资源化：数据从原始信息到可用资源的转化

数据资源化是数据价值实现的首要环节，其核心是将杂乱无章的原始数据转化为有序且具有使用价值的数据资源。原始数据通常呈现出碎片化、分散化和低质量的特点，难以直接应用于实际生产和决策过程，将原始数据初步加工，形成可采、可见、互通、可信的高质量数据，就是数据资源化的过程[①]。在互联网电商领域，用户在浏览商品页面时产生的点击数据、停留时间数据、搜索关键词数据等，这些原始数据分散在不同的服务器日志和数据库中，格式各异，且包含大量噪声数据和重复数据，无法直接为电商企业提供有价值的信息。因此，数据资源化过程涵盖了一系列关键环节，包括数据采集、整理、存储等，以实现原始信息向有价值数据资源的转化。

数据采集是数据资源化的起点，其关键在于获取全面、准

---

① 孙静、王建冬：《多级市场体系下形成数据要素资源化、资产化、资本化政策闭环的总体设想》，《电子政务》2024年第2期。

确的数据。在数据采集过程中，需要综合运用多种方法和技术，以满足不同场景和需求。在工业生产领域，通过传感器实时采集生产设备的运行数据，如温度、压力、振动等参数，这些数据能够实时反映设备的运行状态，为设备故障预警和维护提供重要依据；在社交媒体平台，通过网络爬虫技术收集用户发布的文本、图片、视频等内容数据，以及用户之间的互动数据，如点赞、评论、转发等，这些数据可以用于分析用户兴趣偏好、社交关系网络等，为精准营销和内容推荐提供支持。数据采集还需遵循相关法律法规和道德准则，确保数据来源的合法性和合规性，保护用户隐私和数据安全。在采集个人敏感信息时，必须获得用户的明确授权，并采取加密、匿名化等技术手段对数据进行处理，防止数据泄露和滥用。

数据整理是提升数据质量的关键步骤，主要包括数据标注、清洗、脱敏、脱密、标准化、质量监控等环节。数据标注通过人工或机器学习算法为数据添加标签或注释，使其具有语义信息，便于后续的分析和处理。在图像识别领域，对大量图像数据进行人工标注，标注出图像中的物体类别、位置等信息，用于训练图像识别模型；数据清洗则是去除数据中的噪声、重复数据和错误数据，提高数据的准确性和完整性。在处理电商交易数据时，需要清洗掉重复的订单记录、错误的价格数据等；脱敏和脱密是对敏感数据进行处理，使其在保护隐私和安全的前提下仍可用于分析。对用户身份证号码、银行卡号等敏感信息进行脱敏处理，采用加密算法对机密数据进行脱密操作；标准化是将不同格式和来源的数据统一到相同的标准和规范下，增强数据的兼容性和可共享性。在整合不同地区的气象数据时，需要将数据的时间格式、温度单位等进行标准化处理；质量监控则是对数据整理过程进行实时监测和评估，确保数据质量符合要求。通过建立数据质量指标体系，对数据的准确性、完整性、一致性等指标进行量化评估，及时发现并解决数据质量问题。

数据存储是数据资源化的重要保障，其目的是安全、高效地保存数据，以便后续的查询和使用。随着数据量的爆炸式增长，传统的存储方式已难以满足需求，分布式存储、云存储等新型存储技术应运而生。分布式存储将数据分散存储在多个节点上，通过冗余备份和数据分片技术，提高数据的可靠性和可用性。在大规模数据中心中，采用分布式存储系统来存储海量的业务数据和用户数据；云存储则是基于云计算技术的存储服务，用户可以通过网络按需获取存储资源，具有成本低、灵活性高、可扩展性强等优点。许多企业选择将数据存储在云平台上，如亚马逊的 S3、阿里云的 OSS 等，降低了存储成本和管理难度。数据存储还需要考虑数据的安全性和备份策略，防止数据丢失和损坏。通过定期备份数据、采用加密技术保护数据传输和存储过程中的安全，确保数据的完整性和保密性。

（三）数据商品化：数据转化为可交易商品的增值过程

数据商品化是数据价值实现的重要环节，它将经过资源化处理的数据进一步转化为可在市场上交易流通的商品，不仅为数据的价值交换和经济收益创造了条件，也是数据使用价值的直接体现。数据要实现商品化，需满足一系列严格的条件。

数据商品化是将经过资源化处理的数据产品直接转化为可交易、终端用户可直接使用的数据商品，数据商品与数据产品的本质区别也在于此，即是否能在市场进行交换[①]。数据商品化突破了传统数据要素配置中的科斯困境，不仅为数据的交换价

[①] 李海舰、赵丽：《数据成为生产要素：特征、机制与价值形态演进》，《上海经济研究》2021 年第 8 期。

值和经济收益创造条件，也是数据使用价值的直接体现。

数据商品化避免了数据产权不清晰的弊端。数据能够成为商品灵活交易，首先要确权。数据要素具有虚拟性、规模报酬递增、外部性、非竞争性和排他性①，这些特性使得确定数据产权较为困难。科斯定理指出，当交易成本为零或极低，只要初始产权界定清晰，就可以形成最优资源配置，实现帕累托最优，因此，只有通过清晰的产权界定才能保障数据要素持有者通过数据获得合法的收益，使企业数据资源价值得以有效释放②。数据商品化将数据资源持有权、数据加工使用权、数据产品经营权分离，促进数据交易合法、有序地进行。

数据商品化通过标准化定价机制实现数据价值量化。数据定价是数据商品交易的核心③，也贯穿商品化、资产化和资本化环节，是个复杂且未解决的难题，尚无统一成熟定价方法。目前，中国国内对数据定价的探索主要依托于大数据交易平台展开，共形成两类定价方式：第一类是协商定价，具体包括拍卖定价、反馈性定价和自由定价等，第二类是可信第三方定价，具体包括固定定价、自动计价和实时定价等④。商品化环节定价以数据成本为定价基础，通过构建多维度定价模型，依赖市场自愿交易，有效激活数据的交换价值。

在数据商品化的进程中，交易平台建设常被视为促进其发展的重要支撑，其中安全性和便捷性被认为至关重要。当前数

---

① 刘涛雄、李若菲、戎珂：《基于生成场景的数据确权理论与分级授权》，《管理世界》2023年第2期。

② 潘爱玲、李广鹏：《数字经济时代企业数据价值释放的路径、挑战与对策》，《理论与改革》2024年第4期。

③ 胡良霖等：《数据要素价值演进路径研究》，《数据与计算发展前沿》（中英文）2024年第5期。

④ 孙克：《数据要素价值化发展的问题与思考》，《信息通信技术与政策》2021年第6期。

据交易平台主要分为政府主导的公共数据交易平台和市场主体运营的商业数据交易平台，以上海数据交易所为例，其在安全保障和便捷性方面确实采取了诸多有效措施，在一定程度上推动了数据交易的发展。然而，需要深入思考的是，交易平台并非数据商品化的必要条件。从理论和实践来看，即使没有专门的数据交易平台，数据商品化也有可能实现，例如企业之间通过私下协商达成数据交易合作，这种情况在现实中并不罕见。

数据商品化虽具有将数据转化为可交易商品，实现价值变现等优点，但也存在不少弊端。其中一个显著的缺点是，当数据被加工成标准化产品后，会在一定程度上限制用户范围，进而影响大规模交易的实现。数据商品化追求标准化，旨在提高数据的通用性和交易效率，以便更广泛地满足市场需求。但在实际操作中，标准化的产品往往难以兼顾所有用户的个性化需求。不同行业、不同企业对于数据的需求千差万别，标准化的数据产品可能只能满足部分具有共性需求的用户，对于那些有特殊需求的用户来说，这些产品可能无法满足其业务要求，从而导致用户范围受限，直接影响了数据交易的规模。以数据交易所和大数据交易中心为例，尽管它们汇聚了大量的数据资源，但交易规模普遍较小，数据产品标准化导致用户范围受限便是重要原因之一。由于标准化的数据产品难以契合众多潜在用户的特定需求，使得大量潜在的交易无法达成，严重制约了数据交易市场的发展。

（四）数据资产化：数据成为可量化可交易的资产

数据资产化的概念存在狭义和广义之分。广义的数据资产化范畴宽泛，基本等同于数据价值化，它涵盖了从数据资源的挖掘、开发，到最终实现数据商业价值的全过程，包括数据资源化、数据商品化、数据资本化以及数据在各种场景中的应用等各个环节，通过数据与具体业务融合，驱动、引导业务效率改善从而实现数据价值[①]，致力于全面释放数据的经济价值与社会价值。而狭义的数据资产化是数据价值化过程中的关键一环，它聚焦于将资源转化后的数据转化为企业或组织可认定、计量和管理的资产形式。经过资产化的数据既可以作为实物数据，经过加工成为数据商品或与场景结合直接参与生产过程，实现使用价值的转化，也可以作为无形资产，经过进一步的资本化，实现从资产到资本的转化，为资产所有者带来经济利益流入。在前一种情景下，经资产化处理的数据不再有定价难的制约，因而能大大加速数据流通和循环使用。在后一种情况下，经资产化处理的数据直接转化为金融资本，实际上是数据要素与资本要素的替代，通过金融手段实现数据价值转化。

因此，本书讨论的是狭义的数据资产化，是数据价值化过程中的一个重要环节，其制度逻辑并非对既有数据价值的简单确认，而是在确权、入表、交易、融资等制度节点中叠加出超越线性增长的乘数效应。其核心在于通过会计确认、权属明晰与资本运作三重机制的协同放大，重构数据要素的价值生成与释放路径，形成"显性化—市场化—杠杆化"的跃迁闭环。

从宏观看，企业与数据要素充分结合，赋能传统业务转型升级，催生新业态新模式；从微观看，企业是数据要素生产和交易的主体，越来越多的企业正在经历产业数字化和数字产业化过程，数据资产化标志着数据从单纯的资源形态跃升为企业可物化、可交易的重要资产，是释放数据要素潜能的核心机制[②]，在企业运

---

① 何伟：《激发数据要素价值的机制、问题和对策》，《信息通信技术与政策》2020年第6期。

② 吴德林等：《数据资产会计准则问题前瞻性研究：基于数字经济下数据价值创造特征视角》，《当代会计评论》2023年第2期。

营与经济发展中发挥着日益重要的作用。从会计和法律层面来看，数据资产的确认是数据资产化的首要环节。在会计领域，数据资产需满足一定的条件才能被确认为企业的资产。数据资产必须由企业拥有或控制，这意味着企业对数据具有排他性的使用权和收益权。电商企业通过自身平台收集的用户交易数据，企业能够对这些数据进行管理和运用，以实现自身的商业目标，如精准营销、用户画像构建等，从而满足拥有或控制的条件；数据资产要能够为企业带来未来经济利益的流入，这是确认数据资产的核心条件。金融机构利用客户信用数据进行风险评估，通过准确评估客户的信用风险，降低不良贷款率，提高贷款收益，这些信用数据就为金融机构带来了未来经济利益的流入。在法律层面，明确数据资产的权属至关重要。数据的来源广泛，可能涉及用户、企业、政府等多个主体，因此需要通过法律手段清晰界定数据的所有权、使用权、收益权等权利归属。欧盟的《通用数据保护条例》（GDPR）在数据权属和隐私保护方面做出了严格规定，明确了数据主体对其个人数据的权利，包括知情权、访问权、更正权、删除权等，同时要求数据控制者在处理个人数据时必须获得数据主体的明确同意，确保了数据权属的清晰和数据处理的合规性。

　　数据资产的计量是数据资产化过程中的一大难点，从会计核算角度看，数据资产是由企业拥有或控制的，具有数据化形态的可辨认非货币性资产[1]，属于无形资产，因此，其价值计量可以借鉴无形资产的计量方法[2]。目前主要存在历史成本法、重置成本法、收益法和市场法等多种计量方法，数据具有高固定成本低边际成本、产权不清、来源多样、管理复杂和结构多变

---

[1] 张俊瑞、危雁麟、宋晓悦：《企业数据资产的会计处理及信息列报研究》，《会计与经济研究》2020年第3期。
[2] 许宪春、张钟文、胡亚茹：《数据资产统计与核算问题研究》，《管理世界》2022年第2期。

等特征，每种方法都有其独特的适用场景和局限性。第一，历史成本法以数据的获取和加工成本作为计量基础，具有客观性和可验证性的优点。企业通过市场调研获取消费者需求数据，所花费的调研费用、数据采集成本以及数据整理和分析的成本等，都构成了该数据资产的历史成本。这种方法在数据市场不成熟、缺乏活跃交易的情况下较为适用，但它未能充分考虑数据资产的未来收益潜力和市场价值的变化。在市场环境快速变化的今天，消费者需求数据的价值可能随着市场趋势的改变而大幅波动，历史成本法难以准确反映其当前的真实价值。第二，重置成本法是指在当前市场条件下，重新获取或开发与现有数据资产相同或类似的数据资产所需的成本。在计量企业的客户关系数据资产时，若要重新建立相同规模和质量的客户关系网络，需要投入的营销费用、客户维护成本等就是该数据资产的重置成本。这种方法考虑了市场价格的变化，但对于一些独特的数据资产，如企业长期积累的核心技术数据，由于缺乏可参照的市场案例，难以准确确定其重置成本。第三，收益法是基于数据资产未来预期收益的现值来计量其价值，充分考虑了数据资产的盈利能力和未来发展潜力。以一家提供数据分析服务的企业为例，其通过对行业数据的深度分析，为客户提供市场趋势预测、竞争态势分析等服务并获取收益。在计量其数据资产价值时，可根据未来预计的服务收入，结合适当的折现率，计算出数据资产未来收益的现值。收益法的优点是能够反映数据资产的内在价值，但未来收益的预测存在较大的不确定性，受到市场环境、竞争态势、技术发展等多种因素的影响，需要准确预测未来的收益情况，并合理确定折现率，这对计量人员的专业能力和市场洞察力提出了很高的要求。第四，市场法是参照市场上类似数据资产的交易价格来确定被计量数据资产的价值，前提是市场上存在活跃的交易市场和可比的数据资产交易案例。在数据交易市场中，如果有类似的消费者行为数据资产的交易，且交易价格公开透明，企业在计量自身的消费者行为数据资产时，就可以参考这些交易价格，并结合自身数据资产的特点和差异进行适当调整，以确定其价值。市场法的优点是能够直接反映市场对数据资产的认可程度，但数据资产的独特性使得找到完全可比的交易案例较为困难，而且市场交易价格可能受到多种因素的干扰，如交易双方的特殊关系、市场供需的短期波动等，影响计量结果的准确性。

数据资产的报告是企业向利益相关者披露数据资产信息的重要方式，依靠日常核算资料，将数据资产的增减变动及期末持有情况反映在资产负债表中①，有助于提升企业的透明度和市场认可度。在企业财务报告中，对数据资产的披露应遵循相关会计准则和规范，确保信息的准确性、完整性和可比性，重视数据资产不同于其他资产的特点，着重披露数据资产与其他资产的差异及特殊之处②。企业需要在资产负债表中单独列示数据资产项目，详细披露数据资产的类别、账面价值、计量方法等信息，使投资者和其他利益相关者能够清晰了解企业数据资产的规模和价值；在财务报表附注中，进一步披露数据资产的获取方式、使用情况、风险因素等信息，为利益相关者提供更全面的决策依据。一家互联网企业在财务报告中披露其数据资产时，不仅在资产负债表中列示了用户数据资产的账面价值，还在附注中详细说明这些用户数据是通过自主平台收集获得的，主要用于精准营销和个性化推荐服务，同时提示了数据安全风险和数据隐私保护措施，让投资者能够更深入地了解企业数据资产的运营情况和潜在风险。

---

① 秦荣生：《企业数据资产的确认、计量与报告研究》，《会计与经济研究》2020 年第 6 期。
② 程小可：《数据资产入表问题探讨：基于国际财务报告概念框架的分析》，《科学决策》2023 年第 11 期。

（五）数据资本化：数据要素置换为资本要素

数据资本化作为数据价值实现的一种路径，为数据深度参与资本市场开辟了新通道，是数据资产化发展的进一步深化。数据资本化通过一系列金融创新手段，赋予数据资产更多金融属性，实现数据资产的价值增值与社会化配置，在推动企业发展、丰富金融市场产品和促进经济增长等方面发挥着关键作用。

数据资产证券化是数据资本化的重要途径之一，其实质是将数据资产未来可预期的现金流收益权转化为可在金融市场流通的证券产品，从而实现数据资产的提前变现和融资。以某互联网金融平台的数据资产证券化实践为例，该平台积累了大量的用户借贷数据、还款记录数据等，这些数据反映了用户的信用状况和还款能力，具有稳定的现金流预期。平台将这些数据资产进行打包整合，通过特殊目的机构（SPV）进行结构化设计，将数据资产的收益权分割成不同等级的证券产品，如优先级证券、次级证券等。优先级证券具有较低的风险和相对稳定的收益，主要面向风险偏好较低的投资者，如银行、保险公司等；次级证券则承担较高的风险，但可能获得更高的收益，吸引风险偏好较高的投资者，如对冲基金、私募股权投资机构等。通过证券化，该互联网金融平台成功将数据资产转化为资金，为平台的业务拓展和创新提供了有力的资金支持。同时，投资者通过购买这些证券产品，分享了数据资产带来的收益，实现了资金的有效配置。

数据股权融资也是数据资本化的重要实现方式，它是指企业以数据资产作为核心竞争力，吸引投资者以股权形式投入资金，从而实现数据资产的价值体现和企业的发展壮大。在大数据分析领域，一些初创企业凭借其独特的数据挖掘技术和丰富的数据资源,吸引了大量风险投资机构的关注。这些企业通过向投资者展示其数据资产的价值和应用前景,如能够为企业提供精准的市场分析、客户画像、风险预测等服务,从而获得投资者的认可和资金投入。投资者以股权形式参与企业的发展,与企业共享数据资产带来的收益,同时也承担企业发展过程中的风险。在企业发展过程中,数据资产的价值不断提升,企业的市场估值也随之提高,投资者可以通过股权转让、企业上市等方式实现资本增值。以字节跳动为例,其旗下的抖音、今日头条等产品积累了海量的用户数据,这些数据成为字节跳动的核心资产之一。字节跳动凭借这些数据资产,吸引了众多知名投资机构的股权融资,如红杉资本、软银集团等。在股权融资的支持下,字节跳动不断加大技术研发和市场拓展力度,实现了快速发展,成为全球知名的互联网科技企业,投资者也在字节跳动的发展过程中获得了丰厚的回报。

数据资本化对金融市场和经济发展的影响深远。在丰富金融市场产品和投资选择方面,数据资本化催生了一系列新型金融产品,如数据资产支持证券、数据股权基金等,这些产品为投资者提供了更多元化的投资选择,满足了不同风险偏好投资者的需求。在促进经济增长方面,数据资本化能够为企业提供更多的融资渠道和资金支持,推动企业创新发展和产业升级。数据资本化还能促进数据要素的优化配置,使数据资产流向最能发挥其价值的领域和企业,提高数据资源的利用效率,进而推动整个经济的高效发展。在传统制造业向智能制造转型的过程中,企业通过数据资本化获得资金,用于引进先进的数据采集设备和数据分析技术,对生产过程中的数据进行深度挖掘和分析,实现生产流程的优化和产品质量的提升,从而提高企业的市场竞争力,促进产业升级和经济增长。

（六）数据场景化：数据与应用场景结合创造新价值

在经济学理论体系中，要素的核心本质在于深度参与生产活动并创造新价值，进而推动生产资料向生产要素的转化。数据作为新型生产要素，也遵循这一规律。数据资源和大部分数据产品构成了数据价值实现的基础，但它们本身并不具备自动创造价值的能力。要充分释放数据的潜在价值，就微观层面而言，必须促使数据与生产过程中的具体应用场景，以及人工智能（AI）、区块链、物联网等前沿技术深度融合。数据场景化不仅是创造新价值的关键，也是保障数据合法合规有序流通的重要环节。

数据与场景结合可以很好地解决数据合规流通的产权和隐私制约。明晰数据产权，保障个体隐私是数据流通与价值实现的基石。但在实践中，由于数据来源广泛且复杂，涉及多方主体的行为与贡献，要清晰界定数据产权和严格保护个体因素都面临诸多挑战。这种复杂性使得数据在流通和应用过程中容易引发权益纠纷，阻碍数据价值的有效释放。由于数据流通本质上可以体现为特定场景下的数据要素使用权流通，在此背景下，将数据流通与应用场景紧密结合，"一场景一授权"等创新机制很好解决数据产权问题和合法合规问题。以电子商务平台企业为例，用户授权企业根据场景采集和加工使用浏览记录、购买偏好等必要数据。企业根据场景将这些数据与精准营销、个性化推荐等业务场景相结合。不仅有助于企业提升服务质量、优化运营效率，实现数据的有序应用与价值创造，还在一定程度上保障了用户数据的合法使用，维护了用户的权益。

从价值创造的视角来看，数据只有与场景深度融合，才具有真正的使用价值，才能以场景驱动数据应用，充分释放数据资源的潜在价值。数据与场景之间存在着紧密的关联性，脱离具体场景的数据难以发挥其应有的作用。不同的应用场景对数据的需求各异，同时也赋予数据不同的价值体现方式。在智能制造领域，生产设备产生的运行数据、工艺数据等，与生产流程深度融合，通过数据分析与挖掘技术，可以实现生产过程的优化，有效提高生产效率、降低生产成本并提升产品质量。在汽车制造企业中，利用传感器采集生产设备的实时数据，通过数据分析提前预测设备故障，进行预防性维护，减少停机时间，提高生产的连续性和稳定性。在金融风控场景下，借助大数据分析技术对客户的信用数据、交易数据等进行整合分析，金融机构能够更准确地评估风险，识别潜在客户，制定更精准的营销策略，从而提升风险控制能力和市场竞争力。例如，一些金融科技公司利用大数据构建风险评估模型，对客户的信用状况进行实时监测和评估，为金融机构的信贷决策提供有力支持，降低不良贷款率。

在实践层面，许多地区和企业积极探索数据场景化的应用路径，贵州省安顺市便是其中的典型代表。安顺市提出并践行"场景大数据"理论，聚焦数据要素，深入研究数据在不同场景中的流通规律和内在联系，建设城市数据流通底座，初步形成了以"云算数网"为基础设施、以"数权流"为核心的支撑城市数据流通的新型公共数字基础设施。安顺市通过全方位开放数据、全过程开放场景、全要素服务大数据产业，吸引了众多企业和人才参与数据价值的挖掘与创造。在农业领域，安顺市对当地特色产业的数据进行采集与分析，形成可视化建模，并为种植户提供远程种植技术辅导，将数据与农业生产场景紧密结合，有力地推动了农业现代化发展。通过对土壤墒情、气象数据、作物生长数据的实时监测和分析，为种植户提供精准的种植建议，实现科学灌溉、合理施肥，提高农作物产量和质量。

数据场景化作为数据价值实现的关键环节，在当前复杂的数据产权环境下，通过特定场景下的数据要素使用权流通机制，实现了数据的合法合规有序应用。其以场景驱动数据应用的模式，充分挖掘了数据与不同场景结合所产生的巨大价值，为数字经济的发展注入了强大动力。随着技术的不断进步和实践的持续深入，数据场景化有望在更多领域发挥更大的作用，推动经济社会的数字化转型与高质量发展。

三 中国数据价值化的实践探索与突出问题

在数字经济深入发展、数据资源快速集聚的背景下，数据被正式确认为新的生产要素，促进数据流通、释放数据价值已成为推动高质量发展与现代化产业体系构建的关键突破口。与土地、资本等传统要素不同，数据具有非排他性、可无限复制、强场景依附性等复杂特征，其价值化不仅是价值认定的技术性议题，更是制度供给、市场机制与治理逻辑的系统性重构。当前，中国在数据资产确权、估值、交易、入表、融资等环节已积累初步实践经验，但仍面临权属模糊、标准不一、机制缺失、技术滞后等深层次障碍，制约了数据要素潜能的充分释放。本章从现实基础出发，全面梳理中国数据资产化的探索路径与典型模式，深入剖析制度、技术、市场、生态等方面存在的问题，并展望未来可行的政策与发展方向，旨在为构建规范、高效、可持续的数据要素市场提供理论依据与中国方案。

（一）中国数据价值化的发展概况

1. 中国数据要素市场发展现状
（1）数据要素市场规模

近年来，中国数据要素市场规模呈现出快速增长的态势。2024年中国数据要素市场交易规模超过1600亿元，相较于上一年增长了30%以上，其中场内市场数据交易（含备案交易）规模预计超300亿元，同比实现翻番①。中商产业研究院发布的《2025—2030年中国数据要素市场调研及发展趋势预测报告》表明，该市场在未来几年仍将保持较高的增长率，预计2025年更是会突破2000亿元达到2042.9亿元。国家工业信息安全发展研究中心发布的《中国数据要素市场发展报告》进一步预测，到2025年中国数据要素市场规模有望达到1749亿元，并且2022—2025年之间的复合增速将达到28.99%。这一系列的增长数据充分显示出中国数据要素市场的巨大潜力和强劲的发展势头。

这种增长主要得益于政策红利释放和产业数字化需求激增等因素。自2024年年初，国家数据局等部门联合印发的《"数据要素×"三年行动计划（2024—2026年）》提出了"数据产业年均增速超过20%""场内交易与场外交易协调发展""数据交易规模倍增"等建设目标。地方政府加速推进数据要素市场化配置试点，上海数交所发布的《2024年中国数据交易市场研究分析报告》显示，2023年中国数据交易市场规模约为1536.9亿元，预计到2025年将增长至约2841亿元，2021年至2025年年复合增长率达46.5%。

（2）**数据要素市场结构**

在数据类型方面，公共数据和企业数据构成了数据要素市场的主体。国家积极推动政府数据开放进程，2023年全国省级公共数据开放平台覆盖率已达85%，开放数据集总量超100万个②。例如，北京市政务数据开放平台提供超过18573个数据

---

① 《2024年全国数据市场交易规模预计超1600亿元》，中华人民共和国政府，2023年1月11日，https://www.gov.cn/lianbo/bumen/202501/content_6997834.htm。

② 中国开放森林指数：《2024年中国地方公共数据开放利用报告（省域）》，复旦大学数字与移动治理实验室联合国家信息中心数字中国研究院，2024年9月26日。

集，支撑交通、环保等领域创新应用①。这使得公共数据在数据要素市场中的占比逐步提升。与此同时，企业数据商业化加速，互联网平台企业（如阿里、腾讯）通过API接口、数据沙箱等方式对外提供脱敏数据服务，数据交易市场规模占整体市场的比重将逐年上升。

在市场主体方面，呈现核心主体多元化趋势。数据要素市场的核心主体包括数据供给方、需求方和技术服务商。数据供给方涵盖政府机构（政务数据）、企业（生产运营数据）、个人（行为数据）三类。其中，企业数据贡献率超60%，但个人数据因隐私保护限制，市场化程度较低。数据需求方主要是金融机构（风控建模）、科技公司（算法训练）、传统企业（精准营销）等。技术服务商即提供数据清洗、标注、确权、定价等服务的第三方机构快速涌现，如数据宝、华控清交、数牍科技等。

（3）数据要素市场供需

在数据供给方面，质量参差不齐是当前面临的主要问题之一。中国信息通信研究院调研显示，企业数据格式多样，缺乏统一标准（如工业物联网数据协议不兼容），导致流通效率低下，大量的数据交易因格式问题需二次处理。《中华人民共和国个人信息保护法》《中华人民共和国数据安全法》实施后，企业对数据脱敏、匿名化处理成本大幅提升，合规风险高企。截至2024年3月底，全国共计成立58家数据交易机构。其中头部效应显著，北京国际大数据交易所、上海数据交易所、广州数据交易所、深圳数据交易所、贵阳大数据交易所五大头部数据交易所合计贡献全国数据交易额的65%以上②。

在数据需求方面，呈现出场景驱动的特点。金融风控领域，

---

① 此数据来源于北京市公共数据开放平台首页信息，访问时间2025年7月3日。

② 作者根据2023年数据计算所得。

银行通过采购企业信用数据降低坏账率，某国有大行数据显示，引入外部数据后小微企业贷款审批效率提升40%。智能制造方面，工业数据交易平台（如海尔COSMOPlat）连接设备与供应链数据，助力生产效率提升15%以上[①]。智慧城市领域，地方政府采购交通、安防数据优化城市治理，杭州市"城市大脑"项目年数据采购额超2亿元。然而，需求端也存在一些痛点。高质量数据稀缺是企业反馈的主要问题之一，公开数据集存在滞后性，难以满足实时决策需求。数据融合能力不足也是亟待解决的问题，跨行业数据整合面临技术与管理双重挑战，如医疗与保险数据因标准差异难以联动。

2. 数据交易模式创新

伴随数据要素市场化改革的持续推进，数据交易机制正从单一标的转让模式，迈向多元权属拆分、复合衍生结构与跨境结算体系的深层演进。交易模式正式从撮合交易模式到全链条服务。其中，撮合交易模式以中介角色为主，提供供需对接、合规审核及交易监管服务，但存在数据资源不足、服务单一等问题；综合数商模式则整合数据经纪、合规咨询、质量评估等全链条服务，形成"数据技术+应用+配套"的生态闭环。例如，上海数据交易所2023年累计挂牌数据产品超2000个，交易额突破11亿元[②]。与此同时，在制度探索、产品设计与规则互认等多个层面，中国数据交易模式均取得系列突破性进展，为资产化路径的深化提供了强有力的机制支撑。

[①] 《工业和信息化部办公厅关于印发〈工业互联网与工程机械行业融合应用参考指南〉的通知》，工信厅信管函〔2023〕309号，2023年11月10日。

[②] 新华财经：《"市市"关心 一文盘点沪上金融要素市场"年终报告"》，东方财富网，2024年2月4日，https://finance.eastmoney.com/a/202402042981734723.html。

在权属分离交易机制方面，深圳数据交易所率先推出"数据用益权信托登记"制度，通过所有权、使用权与收益权的结构化拆分，探索以不转移数据所有权为前提的权益融资机制。该制度明确用益权可独立登记、转让与质押，为解决数据确权难、流转风险高等问题提供了可操作的制度工具。2024年，深圳前海智链科技有限公司基于自身车联网运营平台的数据使用权收益，通过平台完成 5 年期数据用益权登记并质押融资，获得中信银行授信 2 亿元。融资用于智能网联系统升级后，该企业数据资产周转率由 0.5 次/年提升至 2.3 次/年，标志着数据资产从"账面资源"向"流动资本"转化路径初步打通。

在衍生品交易生态培育方面，北京国际大数据交易所构建了"基础数据—增值数据—衍生数据"三级板块体系，推动数据交易由原始资源转向高附加值产品交易。2024 年数据显示，衍生品交易占平台整体交易比重达 47%，主要涵盖工业仿真模型、AI 算法组件、训练语料库、行业知识图谱等知识型数据产品。其中，清华大学数据治理研究中心与中国建筑科学研究院联合开发的"绿色建筑节能仿真模型"，通过平台交易获得技术转让收入超 2800 万元，单位数据模型平均溢价率超过 300%[①]。这一机制实现了数据—模型—资产的连续价值链条，正在形成可持续的衍生品交易生态。

在跨境流通试点深化方面，全球数字规则竞争加剧背景下，海南自由贸易港加快推进跨境数据交易制度创新。由海南国际数字港集团运营的"离岸数据资产交易中心"，已与新加坡资讯通信媒体发展局（IMDA）、马来西亚信息通信科技发展局（MDAC）建立标准互认框架，推动 RCEP 区域内身份认证、元

---

① 王鹏、张路阳：《从数据资产化看企业数据资产管理》，《企业管理》2024 年第 8 期。

数据描述、合规审计等关键流程的对接统一。2024年，交易中心完成数据资产跨境交易额逾500亿元，涵盖跨境物流时效模型、东南亚农产品溯源数据、数字金融风险监测工具等多个板块；其中采用数字人民币结算的交易规模占比已达35%。这标志着中国在全球数据要素流通中的规则话语权和货币结算能力实现关键突破。

3. 数据流通治理

根据"数据二十条"及《国家数据标准体系建设指南》，中国数据流通治理的核心目标在于实现"价值释放"与"风险管控"的双重平衡，构建覆盖数据确权、定价、交易、交付和使用全生命周期的治理体系[①]。

（1）数据要素价值释放的标准化体系

中国数据要素市场的"数据流通治理"正经历制度框架完善与技术创新的双重演进。根据"数据二十条"及《国家数据标准体系建设指南》，当前治理体系的核心目标是平衡数据价值释放与风险管控，通过覆盖数据确权、定价、交易等全生命周期的规则设计，构建多方协同的治理格局。在标准化制定方面，2024年10月发布的《国家数据标准体系建设指南》系统布局"7大领域+30项基础通用标准"，聚焦数据确权、定价和交易流程等关键环节。地方试点中，上海数据交易所等机构起草的《数据交易 第1部分：数据流通交易合规指南》征求意见稿等56项地方技术文件，以及杭州银行通过区块链技术实现数据确权证书上链、发放国内首笔"数据贷"的实践，均验证了标准在金融场景中的可行性。

具体到技术标准，国家在确权技术、分类编码、估值模型

---

① 欧阳日辉：《数据要素流通的制度逻辑》，《人民论坛·学术前沿》2023年第6期。

等核心环节已经形成系统标准体系，确权技术执行《数据安全技术 数据分类分级规则》（标准号：GB/T 43697—2024）和《信息技术服务 数据资产管理要求》（GB/T 40685—2021）；分类编码依据《信息技术 大数据 数据分类指南》（GB/T 38667—2020）；数据估值依据《电子商务数据资产评价指标体系》（GB/T 37550—2019）。ISO 55013 国际标准本土化适配率提升至85%，有力提升了中国数据资产规则的国际兼容性与可采信度。在认证体系方面，上海数据交易所构建"数据质量七维认证体系"，覆盖完整性、准确性、时效性等 7 项关键指标。2024 年数据显示，通过认证的数据产品平均溢价率提升 280%，交易成功率与合同履约率显著提高，有效推动了数据要素从信息产品向高信用资产的跃升。在风险防控方面，深圳联合保险机构创新推出"数据资产全生命周期险"，覆盖确权纠纷、估值偏差、数据泄露等典型风险场景。总体来看，标准化与风控体系建设正成为推动数据资产化、规范化、市场化和金融化的制度基础。

（2）数据要素价值释放的风险防控体系

风险防控体系则呈现法律监管与技术手段并重的特征。《中华人民共和国数据安全法》框架下，2024 年 10 月实施的《数据安全技术 数据分类分级规则》（GB/T 43697—2024）作为中国数据安全领域的基础性国家标准，通过科学规范的数据分类分级方法，明确了重要数据和核心数据的识别标准，为保障国家安全、促进数据要素流通、落实法律法规要求提供了关键技术支撑。[1] 技术层面，浙江省财政厅"资产链"项目利用区块链实现 80 亿元行政事业性资产数据确权存证，微众银行"WeDPR 平台"日均处理 120 万笔隐私计算交易且数据泄露风险降低 90%[2]，绿盟

---

[1] 参见《上海市市场监督管理局关于下达 2023 年上海市标准化试点项目计划的通知》，沪市监标技 20230389 号，2023 年 8 月 21 日。

[2] 《微众银行隐私计算技术通过金融科技产品国家级认证》，中国经济网，2023 年 4 月 7 日，http://www.financeun.com/newsDetail/54116.shtml。

科技"Fusion平台"的AI动态风险评估系统在2024年预警处置3.5万个高危漏洞，挽回经济损失约45亿元①。然而，风险形势依然严峻：2024年国内数据泄露事件达3510起，涉及581亿条数据，制造业与金融业成为重灾区②；第三方服务商漏洞导致9亿用户数据泄露，暴露出供应链安全管理短板；市场监管总局全年查处240起"大数据杀熟"案件，算法滥用风险持续凸显。中小企业数据安全投入占IT预算的18%，超大型企业占比达32%，合规成本高企倒逼部分企业规避审查③。整体而言，中国数据流通治理已形成"制度牵引、标准筑基、技术赋能、执法兜底"的立体化体系，但需进一步破解标准碎片化、技术成本高、跨境规则冲突等深层矛盾。

（二）数据价值化推进过程中存在的主要问题与障碍

1. 数据价值化体制机制困境

数据要素市场化配置的制度性梗阻已成为制约价值释放的核心矛盾，其本质在于工业化时代建构的"产权—交易—监管"制度框架与数据要素"非排他性""价值衍生性"特征的深层冲突。当前制度体系呈现"基础性规范缺位、协同性机制失序、

---

① SecWiki：《ITRC〈2024年上半年数据泄露分析〉报告解读》，Sechub，2024年10月9日，https://sechub.in/view/2951794。

② 绿盟科技：《绿盟科技报告：过去一年国内数据泄露事件3510起》，财联社，2025年2月28日，https://www.cls.cn/detail/xk/67c171ffd673848582724aa3。

③ 湖南省工业和信息化厅：《数据"可用不可见"隐私计算千亿级市场可期》，湖南省工业和信息化厅、湖南省国防科技工业局，2022年5月5日，https://gxt.hunan.gov.cn/xxgk_71033/gzdt/rdjj/202205/t20220505_24463445.html。

动态性适配滞后"三重困境[1]。

(1) 产权制度的法理冲突与结构性缺失

根据深圳数据交易所 2024 年监测数据，34% 的交易因权属争议停滞，纠纷平均处置周期达 14 个月。一方面，法理逻辑失配。传统物权法"一物一权"原则与数据可无限复制的特性形成根本冲突，导致《中华人民共和国民法典》第 127 条"数据权益"条款陷入司法适用困境。这可能导致用户行为数据确权纠纷中，法院因无法界定原始数据贡献者与模型开发者的权益边界，被迫采取折中判决。另一方面，分层确权机制缺失。欧盟《数据治理法案》（DGA）提出的"数据生产者权益"与中国"数据处理者权益"导向存在制度鸿沟，跨国企业合规成本激增 47%[2]。国内虽在深圳试点"用益权信托登记"，但缺乏全国性分层确权标准，地方登记机构出具的凭证司法采信率仅 58%[3]。

(2) 交易规则的碎片化

数据要素市场呈现"中央—地方—行业"三级制度摩擦。一方面是规则体系断层，中央层面《中华人民共和国数据安全法》《中华人民共和国个人信息保护法》侧重风险管控，地方立法（如《深圳经济特区数据条例》）聚焦流通激励，目标冲突导致企业陷入"安全合规"与"市场效率"的双重困境。某跨国企业在长三角地区的数据枢纽建设因沪苏浙三地接口标准差异被迫延期 9 个月。另一方面是交易机制滞后，现行"财产型交易"模式难以适应数据服务化趋势，市场主体自发转向"场

---

[1] 何伟：《激发数据要素价值的机制、问题和对策》，《信息通信技术与政策》2020 年第 6 期。

[2] 蔡思航、翁翕：《一个数据要素的经济学新理论框架》，《财经问题研究》2024 年第 5 期。

[3] 李金贵：《数据资产化发展现状、面临挑战和对策建议》，《中国经贸导刊》2024 年第 11 期。

景化服务"规避确权风险，导致贵阳大数据交易所2024年标准化数据产品流拍率达35%[1]。北京国际大数据交易所虽推出衍生品交易板块，但因缺乏智能合约法律效力认定标准，触发1.2亿元ABS违约纠纷。

（3）监管体系与治理能力滞后

中国数据资产监管体系和治理能力滞后制约了数据要素市场的规范运行与价值释放。一方面，监管职责边界模糊，网信办、工信部、央行、市场监管总局等部门在数据安全、流通合规、资产确认、交易行为等方面各自为政，尚未形成权责统一、逻辑贯通的治理体系。在实际操作中，数据资产往往同时涉及多个法律适用领域，导致企业在执行过程中面临重复审批、交叉监管与不确定执法。例如，智行科技在开展自动驾驶环境数据采集过程中，因同时涉及地理信息安全、个人信息保护与商业秘密使用，先后受到《中华人民共和国测绘法》《中华人民共和国个人信息保护法》《中华人民共和国反不正当竞争法》三重约束，面临复合性处罚[2]。这类制度竞合现象显著增加了企业合规成本，弱化了监管的可预期性和市场参与信心。另一方面，配套的风险缓释机制建设严重滞后，缺乏与数据资产特性相匹配的保险、增信、信用评级等基础金融工具。目前，数据资产保险覆盖率不足3%，既有险种多集中于确权纠纷、合规风险、质量瑕疵等传统风险，对智能合约漏洞、算法模型失效、数据偏误推理等新型风险尚无有效承保机制。以星云智联工业平台为例，因其诊断模型算法偏差造成8000万元数据资产估值滑落，但因无法界定责任归属和损失范围，保险公司拒绝理赔，企业因此面临融资违约与资本重估的双重冲击。此外，现有制

---

[1] 张真源：《数据资产登记制度的逻辑转变、核心架构与优化策略》，《治理研究》2024年第6期。

[2] 潘爱玲、李广鹏：《数字经济时代企业数据价值释放的路径、挑战与对策》，《理论与改革》2024年第4期。

度也缺乏基于数据生命周期的风险识别与动态预警体系，致使多数中小企业在确权、交易、融资等环节均处于"裸奔"状态。

2. 市场机制建设相对滞后

中国数据要素市场在制度设计与运行逻辑上仍存系统性滞后，集中体现于交易生态虚化、定价体系失衡、流动性缺位、标准体系割裂、基础设施薄弱与主体能力分化六大维度，导致"高交易成本—低价值释放"的结构性困境持续加剧。

（1）交易生态失衡

中国已设立44家数据交易平台，但整体活跃度低下，形成"有场无市"格局。截至目前，年交易额超10亿元的平台仅贵阳、北京、上海三地，占比不足7%；60%以上平台年交易额低于5000万元。部分省级交易所虽上线"数据产品超市"模式，SKU数量突破3000个，但半年内成交率不足5%，主要因数据存在质量瑕疵、权属不清等问题，大量挂牌数据沦为"僵尸商品"。与此同时，场外交易快速扩张，监管真空带来极高风险。金融科技公司通过地下渠道采购用户画像数据，被追责后直接损失超过亿元，凸显市场秩序失范。

（2）定价体系失序

数据要素本身的非稀缺性、复用性与强场景依赖性，使传统定价机制失效并引发"三重悖论"。其一，边际价值远超采集成本，如某电商平台单条用户行为数据采集成本仅0.03元，加工后形成的偏好模型价值高达8元，缺乏合理定价依据。其二，场景差异显著影响数据估值，同一批气象数据在农业保险与物流领域估值相差5—8倍，场景误判可将数据ROI拉低至28%。其三，垄断型平台通过API接口实施价格歧视，最大价差达40倍，扭曲市场公平。评估标准缺失进一步加剧混乱，制造业某设备数据包在三家评估机构中的估值差异高达12倍，反映出评估模型不统一、采信机制缺位等深层问题。

(3) 流动性支持不足

数据资产在二级市场中的流动性严重受限,成为资产化进程中的关键阻滞点。银行对数据资产普遍施加高折扣,抵押率低至30%,远低于固定资产70%的抵押水平。一家人工智能企业拥有20亿元估值的数据资产包,实际贷款额度仅为3亿元,融资利差比传统资产高出200bp。首批数据资产ABS产品认购率不足六成,发行利率高出同类产品150bp,表明市场对数据资产未来现金流稳定性信心不足。处置机制缺失亦加剧风险,有企业质押核心数据资产后因无回购条款而失去关键数据控制权。此外,缺乏风险对冲工具,导致数据中心因自然灾害损毁10PB数据后无法获得保险赔偿,直接损失无从转移。

(4) 标准体系碎片化

标准割裂使数据跨平台、跨行业流通成本激增。元数据描述不统一,物流企业对接5家交易所需构建7套数据模板,适配成本占交易总成本的35%。质量评估标准不健全,医疗影像标注错误率高达12%,AI辅助诊断系统因数据偏差致误诊率提升3个百分点,引发严重事故。合规认证体系不统一进一步提升企业负担,某跨国企业年均用于满足8类国际标准的投入超2000万元,占数据业务利润的25%。国际标准对接率偏低,ISO 55013虽已发布,但国内标准衔接度仅62%。某整车企业为满足欧盟数据回传要求,系统改造成本超过1亿元。

(5) 市场主体分化

数据市场呈现出明显的"断层式分化"特征。科技平台掌握80%以上高价值数据资源,通过API阶梯定价压制中小企业采购能力,实际数据采购成本差异达300%。制造业企业为满足数据治理合规要求,将40%的研发预算用于数据系统建设,显著挤压了创新投入空间。专业服务机构供给严重不足,全国具备医疗数据资质的数据合规咨询机构不到10%,制约医药、健康等高敏感行业数据资产化推进。这种分化已造成要素生产率极端分布：头部平台人均数据要素产出达 42 万元/年，而中小企业不足 8 万元，差距超过 5 倍。

3. 法律合规风险持续高企

随着数据要素制度建设不断推进，法律合规问题正由局部性障碍演化为系统性制约，表现为法规碎片化、监管重叠化、司法不确定性与企业内部治理不足等深层矛盾叠加，已对数据要素流通和价值释放构成实质性掣肘。

（1）法律体系分化

中国当前数据立法呈现"三法并行、多规交叉"的格局。《中华人民共和国网络安全法》《中华人民共和国数据安全法》《中华人民共和国个人信息保护法》确立了基本框架，但在数据分类分级、场景边界识别与技术适配方面仍缺乏统一细则，导致执行口径分化、标准模糊。在医疗场景中，同一类临床数据在长三角与珠三角地区分别被认定为"重要数据"和"一般数据"，企业需构建两套合规系统，安全成本提升 40%。跨境规则差异更为显著，例如 GDPR "被遗忘权"与《中华人民共和国个人信息保护法》的删除权概念存在逻辑偏差，平台难以在多个法域内同步履约，部分社交平台因此面临营收 4%的巨额罚款。

（2）监管体系重叠

数据监管权分布于中央多个部委，包括网信办、工信部、市场监管总局等 12 个机构，导致企业在遭遇合规事件时面临多头审查。大型电商平台在数据泄露事件中，需同时应对网络安全审查、反垄断调查与刑事立案，整改周期延长 6 个月。地方监管执行能力差距显著，一线地区多已设立专门数据监管部门，中部省份仍依靠不足 10 人的专职小组，2023 年全省检查覆盖率不足 5%。部分地区对数据采集授权标准放宽 20%，部分大数据企业通过注册迁移规避监管，导致区域执法出现空转，甚至引发跨省管辖权争议。

(3) 司法标准缺位

数据权属、使用边界与侵权赔偿标准缺乏统一裁判逻辑，已成为价值释放的司法"断点"。在工业数据确权案件中，关于"数据加工增值权"的认定存在显著争议，实际案件中判决意见分歧度达53%。例如，某物流平台货运轨迹数据被竞争者抓取，北京法院依据《中华人民共和国反不正当竞争法》确权，广州法院则以"数据源于公共空间"为由驳回诉求。数据泄露案件中单条赔偿标准从0.5元至50元波动百倍，缺乏一致性。区块链存证手段司法采信率仅为28%，主因在于多数证据未满足《电子数据司法鉴定通用实施规范》中的封存流程与技术要求。

(4) 合规成本上升

随着制度刚性增强，企业合规支出快速上升。头部平台年均合规投入已超过2亿元，形成显著竞争壁垒，而中小企业达标率不足30%。一家SaaS服务商为满足《中华人民共和国个人信息保护法》重构数据系统，投入800万元，约为全年净利润的1.2倍，最终被迫关停数据业务。在对欧出口业务中，中小企业进行一次数据保护影响评估（DPIA）的费用高达50万元，已超过单笔出口利润。即便企业完成整改，也因团队能力不足难以通过监管验收。例如，某云计算企业修复数据泄露漏洞投入超千万元，最终因核心安全团队流失而未通过复审，被依法提起公诉。

(5) 跨境规则冲突

全球主要经济体对数据本地化、出境审批和算法审查的制度设计存在显著差异，企业需为中国、欧盟与美国三套体系同步构建数据基础设施，运营成本上升60%。例如，跨国药企为满足中欧美合规要求，分别在三地建设独立数据中心。自动驾驶企业已将训练平台由AWS迁至国内云环境，算法模型迭代周期延长4倍，训练延迟增加300毫秒。同时，FATCA与DMA等法规的长臂管辖适用进一步增加合规压力，中资银行海外分支因调用境内客户数据触发双重调查，年度法务支出超过1亿元。

4. 技术瓶颈制约价值释放

当前，数据从资源向资产转化过程中，核心底层能力薄弱的问题日益突出。系统融合不畅、估值方法滞后、安全计算效率低下、基础设施支撑能力不足及数据质量风险五方面的技术瓶颈，正在系统性制约数据要素经济功能的有效释放。

（1）系统兼容与融合能力不足

在多数制造、金融与交通行业，内部业务系统多为分散建设，设备数据接口不统一、数据结构标准缺失，导致数据融合需依赖大量定制化开发工作，项目周期长、成本高。以制造业为例，大型机电设备间的数据对接常需单独开发适配程序，不仅集成时间普遍超过12个月，且数据清洗成本可占总投入的60%以上。金融机构在推进综合风险系统时，常面临历史业务模块字段冲突，难以实现数据语义一致性，导致大量字段需手动匹配、转换，直接影响风险预警的响应速度。在高精度制造环节，设备间数据延迟已被证实对产品良品率影响显著，成为产线优化中的关键瓶颈。

（2）数据估值体系不健全

现有资产评估体系在面对数据这一新型要素时适配性不足，难以满足多场景估值与动态定价的要求。成本法忽略了数据的复用特性与边际成本趋零属性，容易低估存量数据的价值；收益法难以衡量数据应用的外溢价值与未来收益弹性，造成实际变现潜力被掩盖；市场法则因交易规模有限、参考定价稀缺而难以成立。多个地方数据交易平台的运行数据显示，工业、物流类数据产品半年内零成交率普遍超过80%，即便上线，同类数据报价差异可达百倍，反映出缺乏权威估值标准所造成的市场信号失真问题。

（3）安全计算与隐私保护方案应用受限

数据流通中的合规安全保障需求不断提升，而现有隐私计算技术在效率与普适性方面均存在短板。联邦学习虽然具备不脱敏共享的能力，但在医疗、金融等对时效要求较高场景中，分布式建模训练时间相比集中式方案平均延长两倍至三倍，影响其实际应用意愿。多方安全计算技术因算法复杂、资源消耗高，通常需高性能算力平台支撑，成为中小机构数据确权、风控评估等业务流程中难以承受的负担。可信执行环境（TEE）虽具备硬件级保护能力，但大规模推广仍受限于改造成本，尤其在物联网终端密集场景下应用受阻。

（4）数据质量缺陷与合规机制滞后交织风险

数据质量隐患直接影响其作为资产的可用性与可信性。医疗、司法、保险等高风险行业的标签数据误差率居高不下，在部分辅助决策系统中，因训练样本误差引发推理偏差已成为典型问题来源。缺乏数据版本管理与动态追踪机制，导致部分机构在业务中难以还原数据变更路径，形成数据"失真流通"问题。在跨境数据流动中，合规性自动化审查能力滞后，当前中国企业 GDPR 等主流数据保护规则下的合规自动化率仍低于 50%，人工漏审风险突出。在大型互联网平台中，已有因合规问题遭遇海外高额罚款的典型案例，其代价远超单一业务损失，直接冲击数据资产化的信任基础。

（三）数据价值化问题的成因剖析

1. 数据特性与制度适配性矛盾

数据价值化、资产化进程受阻的深层根源在于数据要素的本体论矛盾：其技术—经济特性与工业化时代建构的产权、交易、定价制度框架存在差异。相较于土地、资本等传统要素，数据要素呈现三大异质性特征，构成价值化和资产化的底层障碍[①]。

[①] 蔡跃洲、马文君：《数据要素对高质量发展影响与数据流动制约》，《数量经济技术经济研究》2021 年第 3 期。

（1）非竞争性与产权界定困境

数据具有"非消耗性"和"可无限复制"特性，同一数据集可被多主体同时使用且价值不减①。这与传统物权法"一物一权"原则产生根本冲突，导致确权制度失效。例如，某电商平台用户行为数据被二次加工时，原始数据采集者、算法开发者与应用方的权益边界难以界定②。现行《中华人民共和国民法典》第127条"数据权益"条款因缺乏分层确权机制，在司法实践中采信率仅58%③。

（2）场景依附性与价值不确定性

数据要素的价值高度依赖其所嵌入的应用场景，同一数据集在不同产业链条和使用端之间，其边际价值可呈数量级差异。以医疗诊断与商业广告为例，同源数据价值差异可达10倍以上④。这种高度的"场景弹性"使数据在标准会计体系中难以确立统一的估值逻辑。当前会计准则仍以"历史成本法"为核心，忽视数据可再利用、跨期延展和场景复利等特征，造成账面价值与市场价格严重背离。中国信息通信研究院测算显示，部分金融机构账面数据资产价值与市场评估结果偏差率达62%⑤。此外，国际结算中的美元定价机制对中国数据出口型平台形成结构性不利。以某跨境物流企业为例，其因汇率波动及

---

① 徐翔、厉克奥博、田晓轩：《数据生产要素研究进展》，《经济学动态》2021年第4期。

② 费方域等：《数字经济时代数据性质、产权和竞争》，《财经问题研究》2018年第2期。

③ 徐翔、厉克奥博、田晓轩：《数据生产要素研究进展》，《经济学动态》2021年第4期。

④ 韩秀兰、王思贤：《数据资产的属性、识别和估价方法》，《统计与信息论坛》2023年第8期。

⑤ 叶雅珍：《数据资产化及运营系统研究》，博士学位论文，东华大学，2021年。

定价能力缺失导致年度利润损失 23%[1]。

（3）网络效应与治理负外部性

数据要素价值具备典型的网络效应特征，即数据体量越大、种类越多，其可用于建模、预测、优化的空间越广，边际效益呈超线性增长。然而，这种正向聚集效应也加剧了平台主导的市场结构，诱发数据垄断、隐私泄露、算法歧视等治理负外部性。以市场集中度衡量，头部平台在关键数据要素交易与定价环节的 HHI 指数已达 0.78，远超传统要素市场 0.3—0.5 的合理区间[2]。此外，不同国家对数据治理规则的异质性也在客观上加重企业合规负担。例如，为同时满足欧盟 GDPR 与《中华人民共和国个人信息保护法》的标准要求，某云计算服务商被迫重复建设合规体系，导致数据存储与处理成本增加 60%[3]。

2. 权属界定的法理困境

数据资产化面临的根本障碍在于权属界定的制度模糊与理论失配，其核心表现为数据要素的权利结构难以被现有民事物权体系有效涵盖。这一法理困境不仅制约数据要素的有效确权与市场交易，还在跨境合规、监管协调和产权保护等多个层面引发系统性风险，构成数据市场发展的核心瓶颈。

（1）数据特性与传统法理的结构性冲突

数据要素的非排他性、可复制性与强场景依赖性，突破了传统物权法"所有权排他性""客体特定化"等基本假设。《中华人民共和国民法典》物权编确立的"一物一权"原则难以适

---

[1] 李金贵：《数据资产化发展现状、面临挑战和对策建议》，《中国经贸导刊》2024 年第 11 期。

[2] 蔡跃洲、马文君：《数据要素对高质量发展影响与数据流动制约》，《数量经济技术经济研究》2021 年第 3 期。

[3] 费方域等：《数字经济时代数据性质、产权和竞争》，《财经问题研究》2018 年第 2 期。

配动态、可衍生、复用性强的数据资源。在司法实践中，34%的数据权属纠纷因无法界定数据权利边界而陷入裁判僵局。典型如工业互联网平台依托设备运行数据训练的算法模型，其价值既来源于设备制造商的数据供给，也依赖平台方的技术投入，形成权利交叉、利益重叠的"非唯一主体"问题，传统"劳动赋权"理论失效。与此同时，国际法理分歧进一步加剧实践混乱。欧盟《数据治理法案》强调"数据生产者权"，而《中华人民共和国数据安全法》突出"数据处理者责任"，同一类数据在不同法域下权属归属标准差异显著，导致跨国平台合规成本上升47%，严重制约数据资产的全球配置效率。

（2）多元权益结构下的权属冲突

数据价值链中个人、企业、政府等多方主体并存，形成高度嵌套且动态变化的权利结构。在个人信息层面，《中华人民共和国个人信息保护法》基于"知情—同意"确立的数据治理框架，与数据资产化所需的高频流通逻辑存在根本张力。例如，金融科技公司基于用户初次授权构建的信用模型，在二次衍生收益分配上缺乏明确规则，形成"再利用/再授权"权责模糊带来的分配争议。

企业间数据权益分配机制同样滞后。以电商平台与第三方服务商的数据合作为例，缺乏关于"用益权期限""成果分成比例"等法定制度，导致权益分配争议案件平均诉讼周期超过26个月。政务数据的商业化开发则更具公共属性与治理冲突，交通流量数据由政府获取却被商业平台用于智慧城市项目，数据授权使用费的标准制定在"公共信托责任"与"市场化运营逻辑"之间存在根本张力。

（3）现行法律体系的碎片化与协同缺失

中国数据相关立法结构呈"三足鼎立、多轨并行"格局，《中华人民共和国网络安全法》《中华人民共和国数据安全法》《中华人民共和国个人信息保护法》分别从安全管理、风险治理与权益保护切入，缺乏横向协同机制与统一适用标准。以自动驾驶企业为例，道路环境数据同时涉及地理信息安全（《中华人民共和国测绘法》）、个人隐私（《中华人民共和国个人信息保护法》）及商业秘密（《中华人民共和国反不正当竞争法》），陷入典型的"规范竞合"困境，企业合规成本较纯技术投入高出 3 倍以上。

地方立法差异亦放大制度摩擦。《深圳经济特区数据条例》确立"使用权登记"制度，强调"数据可分可让"，而《上海市公共数据开放实施细则》采用"数据信托"路径，赋予信托机构较强资产处置权，二者在跨区域交易规则上的冲突，已导致跨国企业在长三角地区的节点部署计划被迫中止。

(4) 技术确权路径的制度障碍

确权技术的发展虽提供了技术支持路径，但在法律适配方面尚存在"最后一公里"瓶颈。基于哈希指纹的区块链存证机制无法覆盖数据衍生权属的复杂追溯问题，司法采信率不足 45%。联邦学习技术下的数据贡献方无法追踪具体模型权重贡献度，在医疗影像行业已引发多起集体诉讼，反映出技术与制度之间的严重脱节。此外，智能合约在自动执行过程中缺乏对《中华人民共和国民法典》所规定"意思自治"与"情事变更"原则的应对能力，供应链金融平台基于算法自动扣款设计被法院判定违反公平交易原则，揭示出当前数据驱动型交易协议与现行合同法之间的深层冲突。

(5) 国际规则分化下的制度摩擦

全球范围内的数据治理规则"巴尔干化"趋势日益明显。欧盟 GDPR 强调数据控制权属个人，美国《云法案》则实施数据"属地主张"与长臂管辖，形成两种彼此排斥的制度逻辑。在此背景下，中资云平台被迫在欧洲与北美分别设立数据中心，以满足"本地化存储"与"政府调取"双重监管要求，运维成本上升 60% 以上。标准认定层面亦存差异。尽管 ISO 55013 确立了"四维价值模型",但在风险溢价设定、社会价值量化等关键参数上,与《中华人民共和国数据资源资产评估指引》存在20%—35%偏差,导致某央企在欧洲并购谈判中因作价争议搁置,涉资达7.3亿欧元。

(6) 法理失稳引发的制度风险与价值折损

权属不确定性已成为数据要素流通中的系统性风险源。据国家发展改革委2024年数据要素市场监测报告,因权属争议导致的合同违约率达18.7%,远高于其他要素类型(如不动产、设备等)。制度套利现象频发,一家数据经纪机构在3年内频繁更换注册地规避监管,非法交易收入超过15亿元。从宏观层面看,数据资本化率(数据资产/GDP)长期徘徊于0.8%—1.2%区间,远低于土地(35%)与劳动力(28%),拉低全要素生产率1.2—1.5个百分点,成为高质量发展过程中的资源错配隐患。

3. 标准体系的碎片化割裂

数据资产化的标准化困境源于"技术规范—行业准则—国际协议"三维体系的系统性失序,其本质是工业化时代"单一中心化"标准范式与数字经济"多中心网络化"特征的深层冲突。这种割裂不仅造成跨域数据流通的"制度性摩擦",更引发全球数据价值链的"合规性断层",成为制约数据要素市场化配置的显性瓶颈。

(1) 技术标准的"蜂窝状"分布

数据采集、存储、交换等基础技术标准的分散化,形成"协议孤岛"与"接口壁垒"。工业领域设备通信协议多达200余种,某汽车制造企业为整合10个品牌的智能机床数据,开发专用适配接口耗时18个月,数据清洗成本占总投入的65%。在数据要素质量评估领域,ISO 8000(数据质量标准)与IEEE 1752(数据可信评估框架)的核心指标偏差率达42%,导致某跨境贸易平台需同时部署两套质检系统，数据处理效率降低37%。更严峻的是新兴技术标准的"无序竞争"，区块链领域的Hyperledger与以太坊联盟标准互不兼容，某供应链金融平台因跨链协议转换失败，导致2.3亿元应收账款融资交易违约。

(2) 行业规范的"垂直化"割据

各行业数据要素分类分级体系的封闭性，形成"数据巴别塔"效应。金融行业《金融数据安全 数据安全分级指南》与医疗行业《信息技术安全 健康医疗数据安全指南》对"敏感数据"的界定差异达58%，某医疗科技公司开发的健康险精算模型，因无法匹配国家金融监督管理总局数据分类要求，产品上线审批周期延长14个月。工业领域更面临"设备—业务—管理"三维标准的断裂：某航空制造企业的设备物联数据遵循OPC UA标准，生产管理系统采用ISO 22400标准，而供应链数据对接需满足GS1编码规范，三套体系的协同成本占数字化总投入的31%。

(3) 国际规则的"阵营化"对抗

美欧中三方主导的数据标准体系呈现"制度性割裂"。欧盟GDPR的"数据主权"原则与美式CLOUD法案的"长臂管辖"权直接冲突，某跨国云服务商为满足两地合规要求，被迫在法兰克福与弗吉尼亚分建独立数据中心，运营成本激增60%。技术标准的地缘政治化趋势加剧割裂：5G通信领域的3GPP标准与美国主导的O-RAN联盟标准形成"双轨制"，某智能工厂因设备协议标准冲突导致数据采集效率下降28%。《中华人民共和国数据安全法》与APEC《跨境隐私规则》（CBPR）在跨境传输认证机制上的差异，使某跨境电商平台的数据合规成本增加45%。

(4) 评估认证的"多元化"迷局

数据资产价值评估与可信认证体系缺乏统一范式，形成"度量衡危机"。会计领域，《企业数据资源相关会计处理暂行规定》的入表规则与国际会计准则理事会（IASB）《数据资产确认工作指南》在摊销期限、减值测试等核心条款上存在32%的指标偏差，某跨国企业因准则差异导致并表数据资产价值缩水7.2亿欧元。评估方法层面，成本法、收益法、市场法的适用边界模糊，某省级数据交易所对同一工业设备数据包的估值差异达12倍，引发交易纠纷。认证体系的碎片化更为严重，中国DSMM（数据安全能力成熟度模型）与ISO 27001在控制项覆盖率的差异达38%，某智能制造企业为通过双重认证增加投入超8000万元。

（5）生态系统的"负外部性"溢出

标准碎片化已引发系统性市场失效。据全国数据要素服务平台统计，2023年因标准冲突导致的数据交易违约损失达327亿元，占全年交易总额的9.8%。更深层的影响在于抑制技术创新：企业研发投入的23%被迫用于多标准适配，某AI公司用于数据格式转换的算力消耗占总训练资源的18%。在宏观层面，标准割裂使数据要素的资本转化效率（单位数据资产GDP贡献值）较理论值低42%，制约全要素生产率提升1.3个百分点。

破解标准体系碎片化困局，需构建"元标准治理框架"：在技术层建立基于数字对象架构（DOA）的协议互操作机制；在规则层推动国际标准"对齐—互认—共治"；在应用层实施行业标准"横向兼容—纵向迭代"。中国电子技术标准化研究院主导的"数据要素标准通"工程，已实现工业互联网领域6类核心标准的跨体系映射，接口适配成本降低58%。但根本性突破有赖于全球数字治理规则的深度重构，以及"技术中性、主权平等、多元共治"新范式的制度化落地。

4. 数据基础设施供给不足

数据要素市场的发育滞后本质上是系统性基础设施缺位的直接映射，其核心矛盾体现为"基础层登记体系—技术层流通设施—服务层专业机构—资本层金融工具"的全链条供给失衡。这种供给缺口不仅引发交易摩擦成本的非线性攀升，更导致数据要素难以突破"资源化陷阱"向资本化高阶形态跃迁，形成"低水平均衡"的市场锁定效应。

（1）基础层设施：确权与登记体系的制度性短板

全国性数据资产登记平台的缺失，导致确权流程呈现"区域割据、标准不一"的碎片化格局。国家公共数据资源登记平台虽已覆盖12个省市，但省级系统互认率不足45%，某制造业企业跨省交易时需重复提交7类证明文件，确权周期从基准的5个工作日延至21天。登记技术路径的异构性加剧效率损耗，深圳采用的区块链存证体系与上海的多维特征标识系统互操作性不足，某跨境物流企业为此额外支付27%的接口适配成本。更深层的制度约束在于登记效力层级的模糊性，地方登记机构出具的确权凭证司法采信率仅58%，某生物医药企业因地方登记信息未被法院采纳，导致核心研发数据资产流失估值超3亿元。

（2）技术层设施：可信流通网络的架构性缺陷

隐私计算、区块链等底层技术的工程化落地能力不足，难以支撑高并发、低时延的要素流通需求。贵阳大数据交易所构建的"主权区块链"网络峰值处理能力仅1200 TPS，无法满足实时竞价交易场景，导致某能源数据产品流拍率高达35%。异构数据空间的互操作协议标准化滞后，工业互联网领域 OPC UA、MQTT、HTTP/2等协议并存，某汽车零部件供应商为接入主机厂数据平台，被迫部署5套转换中间件，数据流通效率降低62%。智能合约的法律适配性缺陷更暴露技术—制度衔接断层，某供应链金融平台基于 Solidity 语言编写的自动分账合约，因未嵌入《中华人民共和国民法典》情事变更条款，触发法律纠纷导致1.2亿元资金冻结。

（3）服务层设施：专业化中介体系的生态性缺位

数据资产评估、合规审计、争议仲裁等生产性服务机构供给严重不足。全国持牌数据资产评估机构仅 38 家，且 73% 集中于北上广深，中西部地区评估服务缺口率达 82%，某西部新能源企业因缺乏本地评估机构，数据资产质押融资周期长达 6 个月。合规审计能力的结构性失衡更为严峻，具备 GDPR、CCPA 等跨境合规资质的服务机构不足 20 家，某跨境电商企业为了完成欧盟数据保护影响评估（DPIA），支付服务费超订单利润的 130%。争议解决机制的滞后导致维权成本畸高，数据交易纠纷仲裁周期平均达 14 个月，某金融机构因数据质量争议被迫计提坏账准备金 1.8 亿元。

（4）资本层设施：金融创新工具的供给性迟滞

数据资产与传统金融工具的融合深度不足，风险缓释机制缺失制约资本化进程。商业银行数据资产质押贷款平均抵押率仅 28%，显著低于不动产的 65%—70%，某 AI 公司将估值 15 亿元的训练数据集质押，仅获 3.2 亿元融资，资本转化效率损失 78%。证券化产品创新面临双重约束：二级市场流动性不足使数据资产支持证券（ABS）发行利率较同类产品高 180bp，某电商平台首单用户画像数据 ABS 认购率不足 50%；风险对冲工具缺位导致保险机构承保意愿低迷，数据资产全生命周期保险覆盖率不足 3%，某工业互联网平台因算法漏洞导致数据资产减值，损失超 8000 万元却无法获得理赔。

（5）国际层设施：跨境协同平台的战略性薄弱

面向全球数据要素流通的基础设施建设滞后，难以支撑"双循环"战略纵深推进。中国主导的跨境数据流动认证体系仅覆盖 23 个"一带一路"共建国家，与 OECD 国家互认率不足 30%，某智能汽车企业为满足欧美数据本地化要求，被迫新增数据中心建设投资超 12 亿元。数字人民币在跨境数据定价中的锚定作用尚未激活，当前跨境数据交易中美元结算占比仍达 89%，某国际物流平台因汇率波动导致数据服务利润缩水 23%。国际争议解决机制空白加剧合作风险，某跨国科技联盟因数据主权争议触发国际仲裁，司法管辖权争议使案件审理周期超3年。

基础设施供给缺口已引发"成本黑洞"效应。据国家数据要素市场监测中心测算，2023年因基础设施缺陷导致的交易摩擦成本达2860亿元，占数据要素交易总额的18.7%。在微观层面，制造业企业数据资产周转率仅0.8次/年，显著低于传统固定资产的2.3次/年，全要素生产率损失约1.2个百分点。宏观层面，数据要素资本化率（数据资产/GDP）长期徘徊于1.1%，不及土地要素的1/30，制约数字经济增速潜在空间约0.8个百分点。

（四）数据价值化问题的解决前景与路径展望

数据价值化作为推动数据要素融入现代化经济体系的核心环节，其未来路径应立足于制度保障、技术支撑、市场基础与生态协同的系统突破。在新一轮数字经济政策支持和底层基础能力日趋完备的背景下，中国有望构建出一条具备可推广性、可衡量性与可持续性的"中国方案"。

首先，在制度层面亟须重构符合数据特性的产权框架与治理体系。应以"数据十二条"确立的数据产权制度改革原则，构建"所有权—使用权—收益权"相分离的权能结构，确立数据要素的权属边界与交易基础。试点推广深圳"数据用益权信托登记"机制，结合"一数一权一链"式确权登记体系，提升权属登记的可验证性与争议处置效率。同步完善国家标准体系，推动ISO 55013等国际规则与中国行业估值指引实现参数级对接，增强数据资产跨境流通的规则兼容性与合规性。在此基础上，通过北京、海南等地的数据制度试验区，探索数据会计入表、跨境流动负面清单、智能合约司法确认等制度创新，为全国复制提供路径样本。

其次，技术体系需支撑数据资产全生命周期的确权、计价与交易流程。应依托"数联网"等重大工程，推动异构隐私计算、跨链互操作、智能合约协议等关键技术突破。构建登记链、交易链、司法链间的可信互联架构，显著压缩数据确权与交易撮合时间，提升安全性与可追溯性。在实践层面，推动浙江、贵州等地开展数据要素智能合约试点，实现动态定价、风险感知分账等高阶功能，形成支撑大规模资产化的工程闭环。同时，推动 ISO 与 IEEE 等国际技术标准的协同演进，构建"全链路、全要素、全周期"的合规认证体系。

再次，市场机制建设是实现数据价值转化的核心抓手。应围绕国家数据交易所，构建基础数据、增值数据、衍生数据的多层级交易体系，推动高附加值数据产品在交易结构中的比重持续提升。加快专业服务体系建设，培育涵盖数据评估、评级、保险、仲裁等环节的"数据投行"式市场生态。在金融侧，推动数据REITs、收益互换等工具产品落地，支持设立数据资产特色板块，拓展融资渠道。跨境方面，应依托海南、临港等枢纽，推动与RCEP、DEPA 等框架规则互认，并试点数字人民币计价的跨境数据资产结算机制，提升中国在全球数据要素市场的制度影响力。

最后，生态构建将决定数据资产化的可持续性。应统筹"中央—地方—行业"多元主体，建立覆盖确权、估值、交易、监管全流程的协同治理体系，推动深圳、上海、海南等地数据交易所间的规则互认和资源联动。依托"东数西算"战略部署，建设分布式可信数据空间，实现典型场景下的数据高效流转与治理可控。在国际层面，深化"数字丝绸之路"合作，推动与东盟、非盟建立全球数据要素治理联盟，探索"离岸数据资产交易中心"建设，提升中国在全球规则演进中的话语权。配套设立千亿级数据要素发展基金，推动数据资产保险、碳数据金融等新型产品落地，形成制度牵引、技术支撑、市场驱动、生态协同的系统性发展格局。

四　数据宝数据资产化的基础

2016年，数据宝在贵安新区成立。经过多年发展，数据宝已经形成了独特的数据要素市场化运营模式：聚焦国有数据，通过数据治理智能化、建模加工积木化、流通交易合规化、场景应用商品化的"四化建设"实现数据资源化商品化，同时，在"数据老中医理论"的指导下，深耕行业细分领域，个性化定制产品配方，有效促进数据价值释放和价值增值。数据宝以市场化的方式重点推动国有数据的资源化和商品化，取得了较好成效，为进一步创新探索数据资产化和数据价值化路径奠定了基础。

（一）聚焦国有数据价值释放

1. 企业定位：以聚焦国有数据为基石

数据宝公司聚焦国有数据领域，是基于中国数据资源现状做出的战略选择。中国的数据增长潜力巨大，据中国互联网络信息中心（CNNIC）《第55次中国互联网络发展状况统计报告》显示，截至2024年12月，网民规模从1997年的62万人增长至2024年的11.08亿人，互联网普及率78.6%[①]。海量的网民规

[①] 中国互联网络信息中心：《第55次中国互联网络发展状况统计报告》，2025年1月，https://www3.cnnic.cn/n4/2025/ 0117/c88-112290html。

模为中国数据规模的快速增长提供了基础条件。国家数据局公布的《数字中国发展报告（2023年）》显示，2023年，中国数据产量达32.85ZB，同比增长22.44%，截至2023年底，全国数据存储总量为1.73ZB[1]。目前，中国已成为全球数据资源大国和世界数据中心，数据产量增长快速，数据要素市场日益活跃。从结构上看，中国数据资源目前主要掌握在政府等公共部门，企业拥有的数据资源还较有限。据估计，中国公共数据（国有数据）占数据总量的比重高达70%—80%。从数据的利用看，中国对数据的开发利用还很不足。根据全国信息技术标准化委员会大数据标准工作组的统计，2017—2021年中国数据量年均增长率为40%，但被利用的数据量年均增长率仅为5.4%，绝大部分数据处于沉睡状态、僵尸状态、闲置状态。而在占比过大的国有数据中，实现数据共享的省级政府部门仅占13%，实现少量数据共享的地市和区县仅占32%和28%，信息共享和业务协同在地市和区县进展缓慢[2]，大量国有数据无法得到有效的开发和利用。政府部门，特别是行业公共数据的开放共享与应用是现阶段数据要素市场化的重点。基于此，数据宝定位于国有数据代运营商，通过在政府和企业之间搭建数据平台，在不涉及数据所有权的前提下，对国有数据进行加工，提供数据产品或服务，实现数据价值的释放。

数据宝公司聚焦国有数据领域，是出于确立行业竞争地位的内在考量。这一战略选择可以为公司自身带来利益，有助于公司市场优势的确立。从业务合规性来看，国有数据通常受到政府监管和管理，业务聚焦国有数据领域可以为公司提供数据

---

[1] 国家数据局：《数字中国发展报告（2023年）》，2024年6月，https://www.nda.gov.cn/sjj/ywpd/sjzg/0830/20240830180401077761745_pc.html.

[2] 头豹研究院：《2021年中国数据管理领域发展白皮书》，2022年3月，https://pdf.dfcfw.com/pdf/H3_AP202110291525801201_1.pdf.

访问权限和数据共享的机会，有助于公司与政府机构建立紧密的合作关系，这种合作有助于公司获得独特的数据资源，并确保其业务活动合法合规。从市场优势来看，国有数据领域存在大量未开发的市场机会，从数据收集到数据分析和可视化的各个环节，都有提供数据产品和服务的空间。此外，国有数据通常经过权威机构的收集和验证，质量和可信度较高，可以降低决策的风险，这对于需要依赖数据来制定商业决策的公司非常重要。数据宝专注于满足这些需求，从而获得市场份额。通过深入了解国家或地区的数据资源，有效地分析和利用，公司可以制定更明智的战略、提供更有吸引力的产品和服务，从而吸引更多客户并提高市场份额，就有机会在市场上脱颖而出。

数据宝公司聚焦国有数据领域，是出于企业应该积极承担社会责任的深远考虑。这一战略选择不仅可以为公司自身带来利益，还有助于解决社会问题，为社会、政府和全球经济的可持续发展贡献力量。公司通过参与、分析、改进和应用国家或地区的数据资源，将这些数据用于促进改善或解决医疗、环境、教育、城市规划等领域的问题，可以为社会和经济的可持续发展作出贡献。在信息时代，数据是无可替代的资产，数据宝业务聚焦国有数据领域有助于塑造数据驱动决策的未来。这不仅提高了公司自身的竞争力，还将在全球商业中推动更广泛的数据驱动文化。

在聚焦国有数据的基础上，数据宝进行了一些探索和实践，逐渐将数据产品扩展到国有企业数据和非国有企业数据，为打开资产化入表业务奠定了基础。

2. 数据使用理念

(1) 归集时数据权属分离

2022年12月，中共中央、国务院印发"数据二十条"指出，根据数据来源和数据生成特征，分别界定数据生产、流通、使用过程中各参与方享有的合法权利，建立数据资源持有权、数据加工使用权、数据产品经营权等分置的产权运行机制。在"数据二十条"出台之前，数据宝公司的数据理念就践行数据权属分离的原则。一方面，数据宝获取数据的方式合法合规。数据宝公司使用的数据是国有数据，产权属于政府，在使用时仅需从相关政府部门获取使用许可，对于所获得的数据只有数据加工使用权、数据产品经营权，这有助于建立可持续的数据获取和使用模式，减少法律风险。另一方面，数据宝独创出一套数据使用模式，在不需要将政府数据拷贝出来的前提下对政府数据进行加工，并制成数据产品投放市场，实现数据的"可用不可见"，规避可能会产生的风险。

数据宝的数据使用模式如下：首先，利用先进技术和管理模式在申请政府数据时获得竞争优势，并成功与政府达成合作协议；其次，在政府数据管理部门，由政府帮助为数据宝设立相关办公场所、提供相关办公设备；再次，数据宝分离出独立的模型处理中心，与数据宝驻政府数据中心办公处直接对接，负责对政府提供的数据进行加工和制成数据产品，并将数据产品一方面反馈给数据宝，另一方面通过数据宝驻政府数据中心办公处将数据反馈给政府数据管理部门，数据宝在这个环节不接触源数据；最后，数据宝将数据产品投向市场，获得收益，并根据市场反馈，再次通过数据宝驻政府数据中心办公处将市场的数据需求反馈给政府数据管理部门，同时提出相关数据申请。在整个过程中，数据宝通过设立的驻政府数据中心办公处，实现在不接触源数据的情况下把数据产品反馈给政府和市场，同时满足政府部门对数据的价值挖掘需求和市场对数据的产品需求（见图4-1）。

（2）使用中保障数据安全

数据宝公司认为，数据是数据要素市场的核心资源，数据

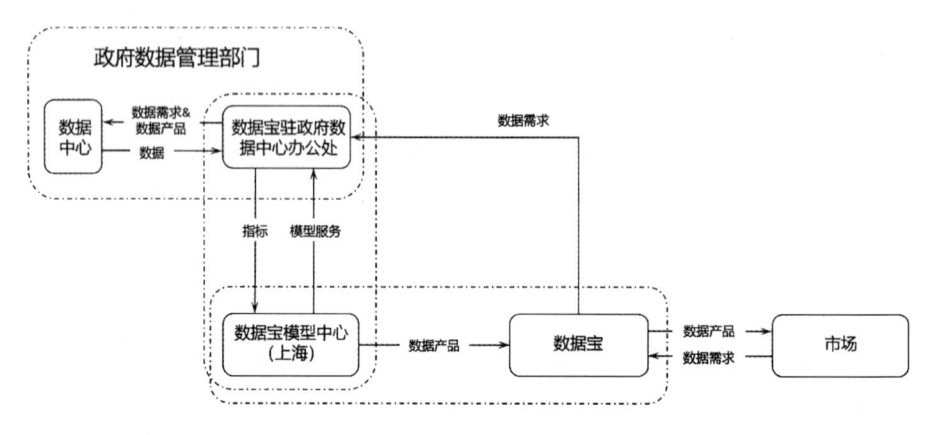

图 4-1 "数据宝"数据使用模式

资料来源：作者自绘。

要素的市场化离不开数据的安全保护。只有确保数据的安全，数据要素的市场才能充分释放数据的潜在价值。同时，数据要素市场需要建立信任，吸引更多的数据提供者和数据购买者。只有通过数据的充分安全保护，市场参与者才会建立信任，从而推动市场的健康发展。数据宝公司始终坚持"没有数据安全就没有数据要素市场化"的理念，体现了数据宝公司对数据安全重要性的深刻认识。这一理念也成为数据宝公司发展的指导原则，帮助公司在数据要素市场中赢得了数据提供者和数据购买者的信任，推动了公司的快速发展。数据宝公司的成功实践证明了数据安全在数据要素市场化中的不可或缺性，为其他市场参与者树立了典范。

数据宝坚持数据"一可三不可（可用、不可存、不可占有、不可见）"的策略。具体来看，数据可用是指数据在需要时可用；不可存指的是在必要时存储，并在不再需要时删除，减少数据泄露和被滥用风险；不可占有指的是尽量减少个人、企业或组织对数据的控制和占有，将数据管理权交还给数据所有者；不可见指的是在数据传输和存储过程中，采用有效的加密和隐私保护措施，以确保数据的机密性和保密性。坚持数据"一可三不可"的策略宗旨是数据宝强调了数据的有效利用和合理保护，在维护数据的完整性、机密性和可用性的前提下，满足业务需求，降低法律风险，保护客户隐私，进而促进创新。在一个信息时代，数据安全和隐私保护至关重要，数据宝的这一策略提供了一种实践方法，在使用中保障数据安全，并能够兼顾安全与成本的平衡，这也是数据宝公司不断发展壮大的内在基因之一。

（3）流通中实现数据价值

数据只有流动起来，才能产生价值。数据的流通涉及数据主体的安全、技术保障以及流通过程的监督。数据宝公司的使命是激活国有数据价值，引导行业合法合规发展。数据宝强调数据的流动，在数据的获取、共享等方面采取了积极的立场，这有助于创造更多的商机和生态系统，加速数据的应用和创新。数据宝公司明确提出了合法合规的发展方向，意味着在数据采集和使用方面遵循法规和政策，减少了法律风险，增强了可持续性。数据宝公司鼓励数据的共享和可访问性。这可以帮助他们建立合作伙伴关系，加速数据的流通，从而创造更多机会。综合来看，"数据宝模式"能持续发展的原因源于其坚守明确的使命，专注于数据的价值、流动和合法合规发展，以及积极参与行业引导，这些因素使其能够在数据领域取得成功并引领行业变革。

3. 数据资源与产业生态情况

在确保数据安全的前提下，数据宝已形成规模领先的50+国央企权威数据资源网络，专注数据要素场景应用的闭环运营，为中国区域数据要素市场交易建设、交通物流数据要素市场化、数据要素市场化赋能金融降风险保安全、互联网产业数据要素市场化和电子政府等领域提供了众多应用案例。

在区域数据要素市场交易建设方面，数据宝围绕自身的核心业务——国有数据代运营经营多年，在数据要素交易方面积累了大量经验。2018 年，数据宝受邀战略入股华东江苏大数据交易中心并成为其运营方。基于数据宝搭建的云旗大数据交易平台，数据宝结合"数商、行业生态联盟、特色城市大数据中心"聚焦特色垂直产业，回归数据交易本质，以场景促应用，以服务促交易，以生态促创新，提出"交易数据产品而非原始数据""数据交易零存储"的交易原则，明确界定交易标的准入标准和数据交易场所的数据安全红线，成功建立省级特色数据要素交易平台及数据要素流通市场。目前，华东江苏大数据交易中心已经辐射上万家企业，其中付费会员近 500 家，辐射生态企业超过 5000 家，参与的从业人员超过百万。交易中心立足江苏，辐射华东，服务全国，力求建设成为国内首个"特色行业+区域性"的标杆数据交易场所。

在交通物流数据要素市场化方面，数据宝凭借技术和商业模式的优势在市场竞争中获胜，带来了众多优秀案例。数据宝根据全国通行大数据的性质构建了一套完整的全国通行大数据治理生命周期流程，包括数据归集层、数据治理层、数据资产层、分析建模层和数据应用层，深度发掘通行数据的价值，促进通行数据交易，加快通行数据要素市场化。

在数据要素市场化赋能金融降风险保安全方面，数据宝公司运用大数据技术为解决金融领域信息不对称问题提供了降低风险的解决方案。在风险减量方面，数据宝为中国大地保险公司的商业车险业务结构进行调整优化，并设计了新的车辆风险评分模型，把影响货车运行安全的车身结构、核定载货量、整备质量、车辆、新车购置价等静态因子和货车运行里程、运行路线、运行时间、运行速度、活动范围、其他货车相关因素等动态因子纳入分析框架，建立了纯动态和静动态两套风险评分模型，实现"车辆风险相关动态数据+静态数据"的深度融合，帮助大地财险提升了商用车保险风险防控能力和数字化营销能力，实现了可控增长。在普惠金融方面，数据宝为某头部互联网银行设计了车主贷款偿还能力分析模型，提出基于前期基础核验合作的一些具体合作方向，涵盖 C 端司机贷和 B 端企业经营贷。

在互联网产业数据要素市场化方面，数据宝在数据认证、风控、画像等领域进行了非常重要的探索。以认证为例，2017 年 6 月出台的《中华人民共和国网络安全法》第 24 条明确规定：网络运营者为用户服务时，应当要求用户提供真实身份信息。互联网产业本质上是数据驱动的产业，无论是互联网平台企业还是这些企业所提供的数字产品，安全认证是平台安全运行、产品安全使用的前提。数据宝平台基于直连公安、银联、运营商的权威、合法、多源个人身份数据资源，帮助网络运营服务企业建设实名身份核验平台，通过身份证、银行卡、手机号三种形式实时验证用户在注册、登记时提交的"实名身份信息"的真伪，杜绝用户身份信息造假，从而规避法律风险。除此之外，数据宝在为互联网平台提供核验用户身份"真伪"等服务的同时，还可以基于公安、运营商、金融等多维度大数据的融合，为互联网平台量身定制轻量风控产品，提供核验用户身份"唯一性"服务，确保平台实现"一人一账号"，防范出现网民"薅羊毛"的问题。目前这一产品已经在金融、网络支付、电商、网络游戏、共享、外卖、视频直播、门户网站、社交平台、婚恋平台，以及在线医疗、旅游、招聘、代驾、教育、房产中介和兼职平台等众多行业众多领域得到了广泛应用。

在电子政府方面，数据宝基于新一代信息技术，从顶层规划、建设运营、场景打造和产业聚集方面，为国家相关部门和地方政府部门等提供跨部门跨领域的数据要素融合，打通数据孤岛、构建数据资产、开发数据产品、打造数据应用场景、构建交易场所、盘活政务数据资源。目前落地的项目有数据要素市场化治理平台、数据要素管理中台、大数据交易平台和产业大脑等。

（二）"四化建设" 实现数据资源化商品化

1. 数据治理智能化提升数据治理质量

由于数据类型和来源多样，即使是同类数据也存在千差万别。同时，为了防范数据侵犯个人隐私和影响国家安全，数据收集过程中和利用之前必须进行适当的治理过程。广义的数据治理是指利用系统化的技术、流程和策略等手段，对数据进行全生命周期的管理。狭义的数据治理主要是指利用适当的技术手段，按照既定规则，对数据进行有效管理，如对数据进行深度清洗、标记和分析工作，确保数据可用性、安全性与质量的高度统一。因此，本书这里讨论的数据治理主要是指狭义数据治理。科学的数据治理可以在提升数据质量的同时，满足合规与风险管理要求，并提高数据处理效率，减少人工干预和劳动参与。

传统的数据治理主要是根据预先制定的数据标准和流程规范，对收集的数据进行清洗，将混乱无序的数据变成规范化和标准化数据。同时，根据国家相关法律法规要求，还需要根据开放共享和安全合规等要求进行治理，包括对数据进行安全分级分类，以及进行脱敏、加密和访问控制等技术处理，满足数据开放共享和合规流通与利用的基本要求。此外，可以根据需要构建资产资源管理平台，将数据进行目录管理、元数据管理、主数据管理，实现数据的秩序化、结构化治理。

由于数据收集过程中不可避免存在数据错误、数据冗余和数据缺失等问题，传统的数据治理模式虽然可以实现数据的"可用"和"合规"要求，但治理后数据很可能仍然并不"好用"。此外，传统数据治理往往需要大量人工参与，比如识别数据质量、分析数据结构、访问控制标注等，数据治理效率低、成本高。为此，数据宝提出智能化的数据三级治理模式。

上述传统数据治理是一级治理，即标准化治理。不同的是，在实现数据结构化、有序化和标准化以及满足合规要求时，数据宝强调智能技术应用实现，例如利用 AI 自动识别数据属性，根据统一分类标准完成数据格式自动校验和智能分类；在数据清洗过程中，对多源数据进行智能整合，利用 AI 对数据关联字段进行语义分析，通过自动化清洗生成规范数据库。此外，在元数据管理过程中，数据宝强调数据采集遵循 GDPR，建立完善的元数据标签，明确数据来源、更新周期及用途，通过对元数据标注隐私边界将合规嵌入元数据。在合规审核过程中，自动实现对数据的脱敏、加密和访问控制，大大提高了数据治理质量和可用性。

二级治理是提质化治理。顾名思义，就是要提升数据质量，使数据达到"好用"的目的。数据宝数据二级治理的目的是引入 AI 技术修复数据缺陷，提升数据质量与价值，强化数据安全保障。例如，利用 AI 模型（如 GAN）模拟数据分布，动态填充缺失字段，实现对数据缺失值的智能补全；利用算法识别逻辑矛盾（如孤立森林），对出现异常值或非规范值的数据进行检测，并自动纠错和修复错误数据；建立 AI 数据质量看板，对数据质量进行动态监控，提前预警预报异常数据出现，提升数据质量可靠性。同时，数据宝利用隐私计算技术对错误数据进行修复，对操作日志进行加密，以满足安全和数据审计要求。

三级治理是商品化治理，目的是根据应用场景需要，形成可交易可应用的数据商品，并确保数据商品流通交易全链路合规。通常数据宝会根据金融、交通、医疗等不同行业特征，基于场景封装形成不同的定制化数据产品，如用户画像包、行业分析报告、风险评估模型等。在此基础上，数据宝定义数据定价模型和授权协议，建立数据商品交易标准，并通过技术明确数据所有权和使用权，形成明晰的数据权属、交易标准和交易流程。在交易流通过程中，数据宝采用可信空间、同态加密等隐私计算技术、数据脱敏等技术，实现跨网数据"可用不可见"，形成独特的数据安全流转机制（见图 4-2）。

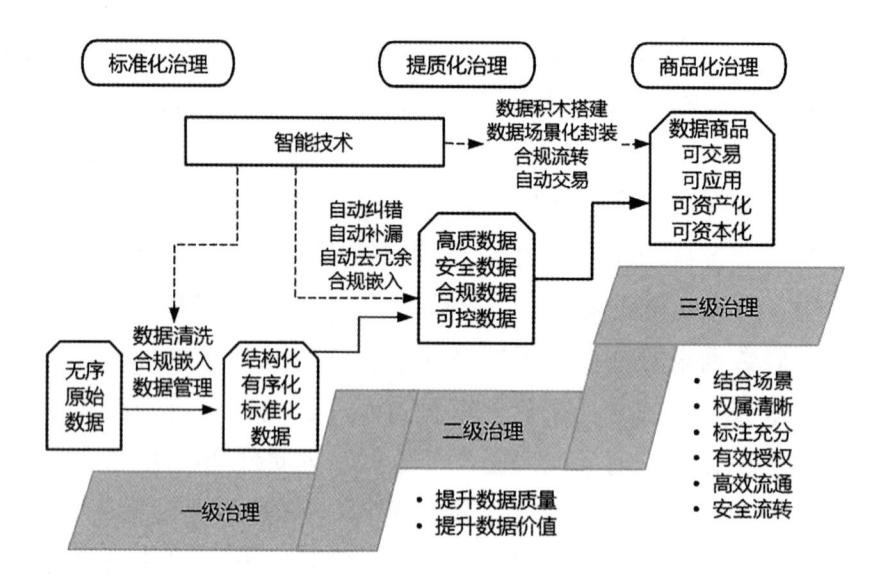

图 4-2　数据宝数据"三级治理"模式示意图

资料来源：作者自绘。

由此可见，数据三级治理有三大特点：一是 AI 全链路驱动，即从原始数据分析加工到数据商品交易，AI 全程参与，提升效率和精准度；二是合规全过程融合，即将隐私保护与法律合规贯穿采集、处理、交易全过程各环节；三是形成价值闭环，从原始数据到标准化数据，再到高质量数据资产和可交易数据商品的过程中，伴随数据质量的提高，同步实现了数据价值的增值和商业化逻辑的跃迁。基于对数据智能化治理的思考与探索，数据宝"多源大数据融合创新应用及应用商品化三级治理平台"项目成功入围 2022 第一届中国大数据大赛，并荣获"数据要素流通"赛道三等奖，"基于 5G 技术的高速国有大数据治理多元应用"获得贵州省 5G 应用场景示范项目（五星）称号等多个国家级、省级荣誉。

2. 数据建模加工积木化提升数据价值释放效率

通俗来说，积木的意思就是有很多零件可以通过拼装形成丰富多样的产品。建模加工积木化是在数据治理基础上,通过对数据进一步组合加工,将治理后数据加工成为数据产品关键一环,通过建模加工积木化避免数据权属争议,解决原始数据融合难度大问题,提高数据处理效率,充分挖掘数据商业价值,开发数据产品广泛用途,形成高度可用的数据基础产品池,进一步提高数据质量和应用价值。数据建模加工积木化的好处在于,积木化数据具有通用性、复用性和可扩展性,可以组合成不同场景下的数据产品,不仅可以节省企业算力等多种资源,而且通过积木化策略能快速搭建新产品出来,对外提供服务,更快、更灵活、更低成本地释放价值。

具体来看,在完成原始数据标准化之后,数据宝采用创新性的方法,将标准化后的数据进一步加工,将其转化为标准的、可处理的、以最小的数据单元为基础的初级产品。这些初级产品不仅用于直接向用户提供有价值的数据服务,还在更高层次上成为数据宝自身数据产品制作的不可或缺的"积木"。这种初级产品的积木化是数据宝的一项重要技术创新,是实现数据要素"老中医理论"的最底层技术保障。数据宝在推进数据建模加工积木化过程中,明确将省内数据开发、省部数据融合开发、政企数据融合开发、公私数据融合开发作为数据基础产品池中战略核心基础开发产品的定位,在对这四大产品开发的基础上,构建产权登记平台、隐私计算平台、数据要素产品平台、数据要素运营中心四大平台,创建了一个强大的数据资源库,打造高可用数据基础产品池。目前,数据宝打造1800+数据积木高可用产品池,将原始数据加工成标准化的数据"积木"直接用于数据产品的生产和加工,为用户提供价值服务。这种灵活性和可定制性使数据宝能够满足各种不同用户的需求,不论是政府部门需要定制的政策分析报告,还是企业需要的市场趋势和决策分析,抑或是学术研究者需要的数据集合,都可以基于这些初级产品的积木快速构建。这一创新性做法不仅提高了数据宝的产品开发效率，更重要的是能更好帮助用户应对不断变化的需求和挑战，为用户提供更灵活、更个性化的数据产品和更高质量的数据服务。

图4-3用交通数据详细解释了建模加工积木化过程。以交通数据建模加工积木化为例。金融机构是希望车辆多使用以保

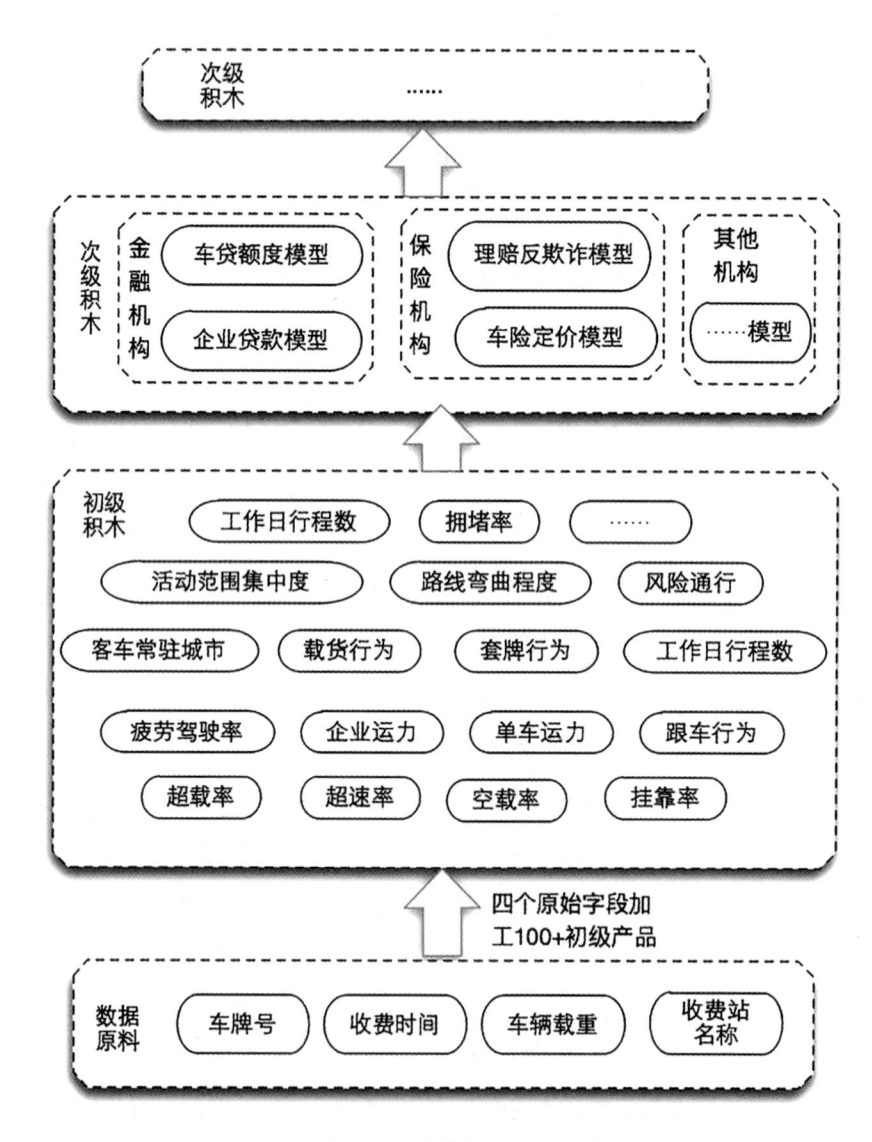

图4-3 交通数据建模加工积木化效果图

资料来源：作者自绘。

障还贷，而保险机构是希望车辆少使用以降低出险事故，二者对相同车辆有不同的数据产品需求。在数据产品开发时，车辆里程、车辆危险路段行驶行为等数据是共用元件，数据宝首先会基于这些初级"积木"生成数据因子，利用数据训练生成若干具有通用性的小模型，即数据指标产品。其次，在具体应用中，可对训练后的小模型进行再组合，改变模型应用方向以满足具体业务需求。例如，根据金融机构需要，将小模型组合成车贷额度模型和面向中小物流企业的企业贷款模型等，根据保险机构需要，将小模型组合成车险定价模型或组合成理赔反欺诈模型等。

3. 场景应用商品化衔接用户需求

满足不同行业和领域对数据的需求，将不同模块化数据组合成各种场景下的数据产品，提升数据应用效率，增强数据创新能力，促进更多具有创新性的数据产品的涌现，实现数据价值最大化，是数据市场面临的重要问题。场景数据商品化，就是通过精细化组装，形成更多具有应用价值的场景数据产品，为企业和政府的决策和发展提供更有价值的支持，促进数据的流通和交易，推动数据的创新应用和发展。在数据宝看来，所谓的商品化，就是要解决客户的痛点，以为客户创造价值为导向，把数据应用到具体业务和具体场景中去。截至2025年5月，数据宝闭环落地了300+数据应用场景，涵盖政务民生、产业招商、交通物流、普惠金融、智能制造等多个行业。

以数据宝提供的全生命周期一体化解决方案为例。企业处于不同发展阶段时，业务需求不同，需要根据具体情况及时调整方案，为企业解决实际问题。为此，数据宝设计了客户全生命周期解决方案。以一个电商平台为例，如果平台定位服务客群是对生活有一定的品质要求、对时间有一定要求的消费群体，平台从成立到快速发展，各个阶段需求不同，需求可以通过典型场景充分体现出来。比如平台初期面临的核心问题是获取潜在客户，数据宝采用大数据分析方法为平台提供客户画像，这样有利于平台以较低成本精准获客。在潜在客户进入平台系统后，数据宝又能把一些离散化的标签分析出来，为平台提供更精确的画像，这样一来，平台推荐产品的系统方向性、针对性更强，在为用户提供精准产品服务的同时，刺激用户需求，提升用户体验和用户黏性，为平台企业找到正确的增量空间，甚至形成平台第二增长曲线提供技术支持。可以说，从平台获客到成熟运营各个阶段，数据宝都有相应大数据分析服务赋能客户取得成功。数据宝以客户运营各阶段典型场景为目标，针对场景提供一体化解决方案。数据宝认为场景运营商品化，从本质上说就是以客户为导向，为客户创造价值。图4-4解释了如何基于客户需求，基于业务场景为客户提供全生命周期一体化解决方案。

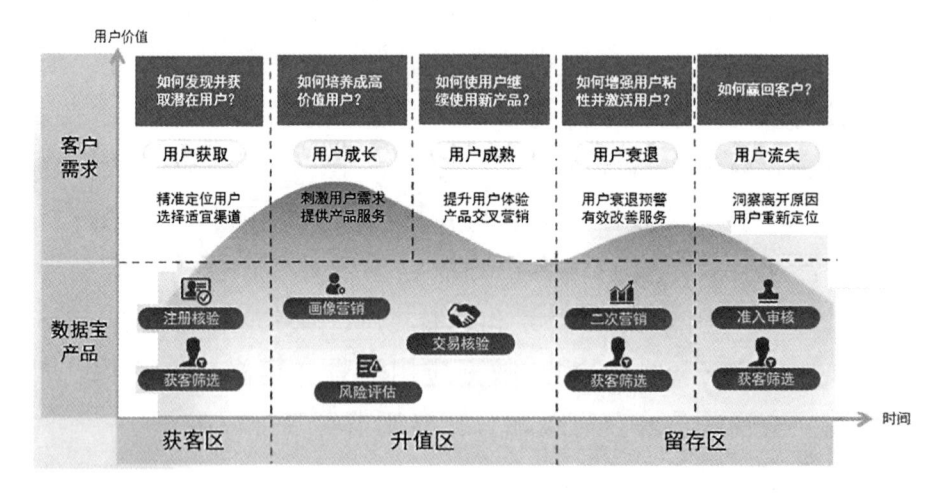

图 4-4　场景商品化：为客户提供全生命周期一体化解决方案

资料来源：作者自绘。

4. 数据交易流通合规化保障数据流动安全

数据交易流通合规化是行业关注的重要问题，具体体现在：(1) 数据共享难。数据基础现状负责整合困难，数据权属与流通风险衍生安全担忧。(2) 数据流通难。主体安全、技术保障、过程监管缺乏系统性保障，合法合规的规模化流通缺乏有力支撑。(3) 数据变现难。供需信息不对称，数据场景价值挖掘不落地，从数据要素到变现数据商品缺乏市场化经验。数据宝认为所谓合规化一是数据要符合国家政策，二是数据要保障安全，尤其要保障流通数据安全。对此，数据宝从三方面形成了交易合规解决办法。一是数据准入。数据宝建立了一套完善的"三真审核"数据资源准入规则，要求数据应用必须同时满足真实企业、真实应用场景、真实用户授权这三个基本条件，任何一个条件不满足都将使数据应用无法进入准入机制。真实企业要求数据应用的主体必须是合法注册的企业实体，具有法人资格，确保数据应用的合法性。真实应用场景要求数据应用必须有明确的、合法的使用场景，避免数据被滥用或用于不当用途，从而维护数据的合规性。真实用户授权要求数据应用必须获得用户的真实授权，确保数据的使用是基于用户的明确同意。"三真审核"准入机制体现了数据宝在数据应用的合法合规性。二是坚持"零存储"原则。数据宝本着数据安全的理念，仅对数据进行必要的加工和处理，以确保提供准确、高效的数据产品，绝不将数据储存在服务器上。这一原则有助于降低数据泄露的风险，保护数据的安全性和隐私性。三是技术保障数据流通安全。因为数据具有可复制性，对于如何保证数据集的数据安全，数据宝申请了众多专利。如数据溯源技术，可以回溯给客户用的数据是否经过授权转给第三者使用，乃至形成多方使用，确保能够举证证明谁违规使用了数据。总之，数据宝高度重视数据交易流通安全，积累了多年经验，有多项相关专利，形成了数据交易流通合规的一整套体系。

(三)"数据老中医理论"支撑价值增值

"数据宝模式"的理念创新根植于数据要素的"老中医理论"。"老中医理论"是一个数据要素增值理论,由数据宝董事长汤寒林先生结合传统中医抓药的逻辑和公司在数据要素价值化过程中的具体实践总结而来。在传统的中医理论中,中药的作用举足轻重,每一味中药所蕴含的药用价值相对比较稳定。一般来讲,单味中药很难将现实中的某种疾病治好,中医治病需要根据不同中药的药性,结合病人的症状,将不同种中药按照一定剂量配比进行组合,从而配制成治病救人的良方。"数据宝模式"的核心要义即在于此。一般来讲,单一数据集中数据所蕴含的价值非常有限,唯有将来自不同数据集的信息巧妙地融合,构建多维数据产品,才能充分释放数据的价值潜能,实现数据的增值。数据宝的"数据老中医理论"立足两个方面:一是更懂数据,针对细分数据内容精确评估数据质量、价值潜力,并深度加工与挖掘其通用形态;二是更懂客户,通过数据场景化、商品化,为客户精准把脉后对症下药,精准创造客户所需的直接效益。在这一"数据老中医理论"框架下,数据宝基于 50 多家国家部委、央企、国企的数据,深耕行业细分领域,深入挖掘数据要素的资源属性,通过对多源数据的加工、组合,针对性地为行业提供个性化的数据产品配方,实现了数据要素的多维度增值,同时也推动了整个数据产业链上的各个部门(政府、企业、客户)实现了协同发展和价值共赢。

1. 深耕行业细分领域,为用户精准把脉

基于政府的数据,数据宝选择深耕行业细分领域,为用户提供全面的数据支持和精准的信息分析,帮助他们做出更明智的决策。为此,数据宝推出了认证宝、画像宝、风控宝、交通

宝等数据认证和分析服务，深度分析用户的现状、面临的风险与困境、可抓住的机会等问题。例如，在互联网领域，数据宝通过对用户行为、业务场景需求、市场趋势和竞争对手的分析，能够精确捕捉用户兴趣和需求，从而提供个性化的产品和服务，已经为超过180个细分行业提供了数据产品和服务，帮助客户提高了用户满意度。在金融领域，数据宝通过深度数据分析，可以帮助银行、券商等金融机构更好地管理风险，识别欺诈行为，提供更安全的交易环境。在保险领域，数据宝的数据分析技术可以帮助保险公司对投保（法）人更准确地实现估算风险，制定更合理的保费定价策略，并改进理赔流程，提高服务质量。在物流和汽车行业，数据宝通过分析交通流量、通行时间、供应链数据和车辆性能数据，帮助企业优化物流和运输，降低成本，提高效率。在电子商务领域，数据宝通过深入了解消费者行为和购物习惯，帮助电商平台提供更个性化的推荐和购物体验，提高销售额。在电子政务方面，数据宝为政府部门提供数据支持，帮助它们更好地理解人民需求，提高公共服务的效率和满意度。

2. 个性化定制产品配方，满足用户需求

在强大的数据分析能力基础上，数据宝针对每一个客户面临的具体问题定制个性化的数据产品配方，帮助客户更好地解决问题。这些配方不仅考虑到用户当前的需求，还预测未来可能出现的趋势性，以确保数据产品能够长期满足用户的需求，为用户提供有深度、有洞察力的数据技术支持，帮助他们做出更明智、更具前瞻性的决策。例如，在春节等特定时间，某头部短视频社交平台在对会员发放红包时，需要解决好真正用户人群定位问题，保障"真实"会员能获得该福利，同时又要避免真实用户多次获得福利影响用户覆盖面。该企业利用数据宝的数据模型产品，不仅准确识别和核验出平台会员，确保整个

发红包过程中"一人一账号",避免"一人多账号"多次获得红包,而且保障红包发放过程视频流畅无卡顿,不影响会员和其他用户的使用效果,体现了数据宝在全平台数据分析和处理基础上形成的强大风控画像能力和平台支撑能力。

通过长期的努力和专注,数据宝已经在物流、保险和商业等领域建立起深入了解不同行业需求的能力,为用户提供高质量、高效率、个性化的数据解决方案。这些解决方案不仅可以帮助企业提高运营效率,还可以帮助政府部门更好地了解市场趋势和社会需求,从而更好地规划和决策。数据宝将继续不懈努力,致力于在更多的领域中为用户精准把脉,推动各行业的发展和创新。

五　数据宝数据资产化路径分析

数据宝在多年数据资产价值化实践和数据要素全生命周期管理经验基础上，提出和总结形成了"数据雪球理论""九步法"数据资产入表实践操作流程和"1+3+1"入表全链路解决方案等，为探索数据资产化提供了一条可复制可借鉴的重要路径。

（一）数据雪球：数据宝数据资产化理论

数据宝基于多年数据资产价值化实践和数据要素全生命周期管理经验，创新性提出了"数据雪球理论"，推动企业通过建立和完善数据资产运营管理体系来实现数据资产的保值增值，实现数据资产可持续的良性循环，形成"滚雪球"式的数据资产持续增值能力。

1. 滚雪球理论

滚雪球理论是一种生动的比喻，用于描述事物增长或积累的过程。它源自自然界中雪球滚动现象，即一个最初很小的雪球在滚动过程中不断黏附周围的雪，从而逐渐增大。这一理论在多个领域有着广泛的应用和解释。

（1）基本含义

滚雪球理论的核心在于"积累"与"增长"，认为一旦某事物或现象获得了起始的优势或动力,就会像滚雪球一样,在滚动过程中不断积累更多的资源和能量,从而使其规模和影响力不断扩大。这种增长过程往往是自我强化的,即随着规模的增大,其增长的速度也会加快。

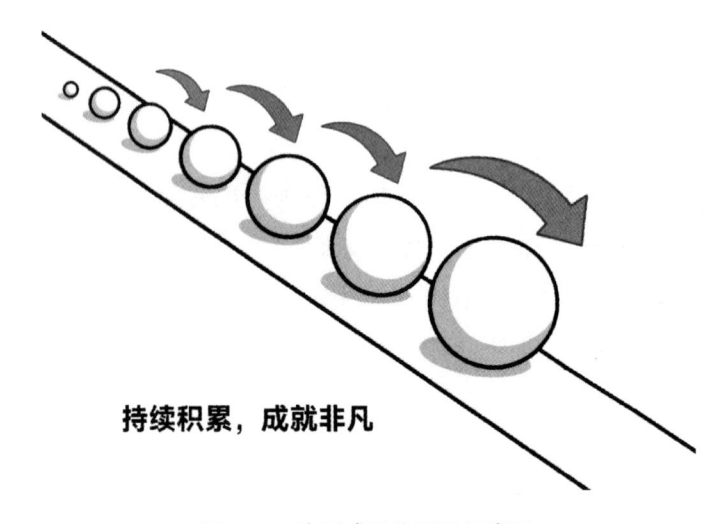

持续积累,成就非凡

图5-1　滚雪球理论原理示意图

资料来源:作者绘制。

(2) 理论基础

滚雪球理论背后蕴含着深刻的数学、经济学以及心理学原理。第一,数学原理。复利计算是滚雪球理论在财务领域的直接体现。复利是指每一期的利息都会计入下一期的本金中,从而产生"利滚利"的效果。这种计算方式使得资金的增长速度远远超过了简单的线性增长,呈现出指数级增长的特性。滚雪球理论正是利用了这一原理,解释了为何持续的投资和微小的初始优势能够在长期内带来显著的财富积累。第二,经济学原理。边际效益递增认为,在某些情况下,随着生产规模的扩大或市场份额的增加,企业的边际成本可能会降低,而边际收益则会增加。这意味着,当企业达到一定规模后,其每增加一单位产出所带来的额外收益将大于其额外成本,从而形成良性循环，加速企业增长。第三，心理学原理。正反馈循环是滚雪球理论在心理层面和行为层面的体现。当个人或组织取得初步成功后，这种成功会激发更多的自信、动力和资源投入，进而产生更大的成功。这种心理机制使得成功成为自我强化的过程，促使个体或组织不断向前发展。

（3）主要应用领域

滚雪球理论在多个领域都有广泛应用。例如，在理财投资中，滚雪球策略强调通过持续的投资和复利效应，使财富像滚雪球一样越滚越大。投资者通过定期定额的投资，并利用复利效应，使投资收益不断累积，最终实现财富的快速增长。在市场营销方面，滚雪球效应指的是企业在现有市场内通过不断拓展和深化，形成绝对优势后，再以此为基点向其他新市场逐步推进、渗透，最终占领整个市场的过程，这种策略有助于企业快速扩大市场份额，提升品牌影响力。

（4）滚雪球理论的应用案例

滚雪球理论应用有很多经典案例。例如，亚马逊从最初的一家在线书店起步，通过不断扩展商品种类、优化物流体系、提升用户体验等措施，逐渐积累了庞大的用户基础和市场份额。随着其规模的不断扩大，亚马逊在供应链、云计算等多个领域也取得了领先地位。类似的例子还有微软公司，微软公司最初只是一个小型的软件开发公司。随着 Windows 操作系统的普及和成功，微软通过不断推出如办公软件、游戏平台等新产品，拓展业务领域，并通过收购 LinkedIn 等战略投资，进一步巩固了其市场地位，造就以操作系统为核心的软件帝国。在投资界，巴菲特的可口可乐投资更是典型，巴菲特通过长期持有可口可乐并享受复利增长，是将该笔投资作为"湿雪"与"长坡"的典型实践。虽然巴菲特的初始投资只有约 13 亿美元，但经过"雪球"不断滚动，至 2023 年时市值已超 240 亿美元，累计分红超 70 亿美元。

2. 数据雪球理论

基于在数据领域的长期实践和数据要素全生命周期管理经验，依托滚雪球理论基本原理，数据宝创新性提出了"数据雪球理论"，成为数据资产化实践的核心方法论，旨在通过系统性、闭环化的数据资产管理及动态循环体系实现数据资产的持续增值，实现数据价值的持续积累与增值。其核心在于构建"资源→资产→资本"的闭环，强调数据要素在流通与应用中不断积累价值，形成类似"滚雪球"的指数级增长效应。该理论以数据资产全生命周期管理为基础，结合政策导向、技术工具与市场实践，构建了一套从数据资源到资产化、资本化的动态增长模型。

（1）理论背景与内涵

"数据雪球理论"的提出源于数据要素市场化进程中数据资源的价值潜力未被充分释放与数据资产化落地面临多重技术与管理难题两大核心矛盾。随着《中华人民共和国数据安全法》《中华人民共和国个人信息保护法》等法规的出台，以及财政部《企业数据资源相关会计处理暂行规定》的施行，数据资产入表成为企业合规发展的必然要求，但企业普遍面临成本归集难、确权难、评估难等问题。基于多年实践发现，数据资产化并非一次性会计处理，而是需通过"滚雪球"式循环增值，即通过数据资源的持续积累、治理、流通与应用，形成"数据积累→价值释放→再投入→更大规模增值"的良性闭环。

（2）系统理论框架

数据雪球主要由数据市场主体、数据要素雪球、数据资产雪球、数据要素价值化基础设施及发展环境四个部分组成。

第一，数据市场主体。数据市场主体是财务合规、具有流通交易条件、实现资本化的企业及实体，是数据要素雪球、数据资产雪球的市场驱动外驱力，没有数据市场主体的驱动，数据要素不可能实现增值,数据资产也无法入表。同样数据要素雪球、数据资产雪球的滚动反作用于市场主体,是数据市场主体更加完备和发达的要素驱动内驱力。

第二,数据要素雪球。数据要素雪球就是数据要素全生命周期建设的所有过程,主要包括"数据采集→数据治理→数据加工→数据运营→数据资产入表→数据资产交易流通→数据采集(下一阶段)",当一个周期完成后,又进入下一个阶段的数据要素周期,周而复始实现数据要素的增值(见图5-2)。

第三,数据资产雪球。在正常的环境下,参考数据资产入表的"需求调研→制定解决方案→权属梳理→应用场景挖掘→质量评估→成本梳理→价值评估→财务培训→登记及披露""九

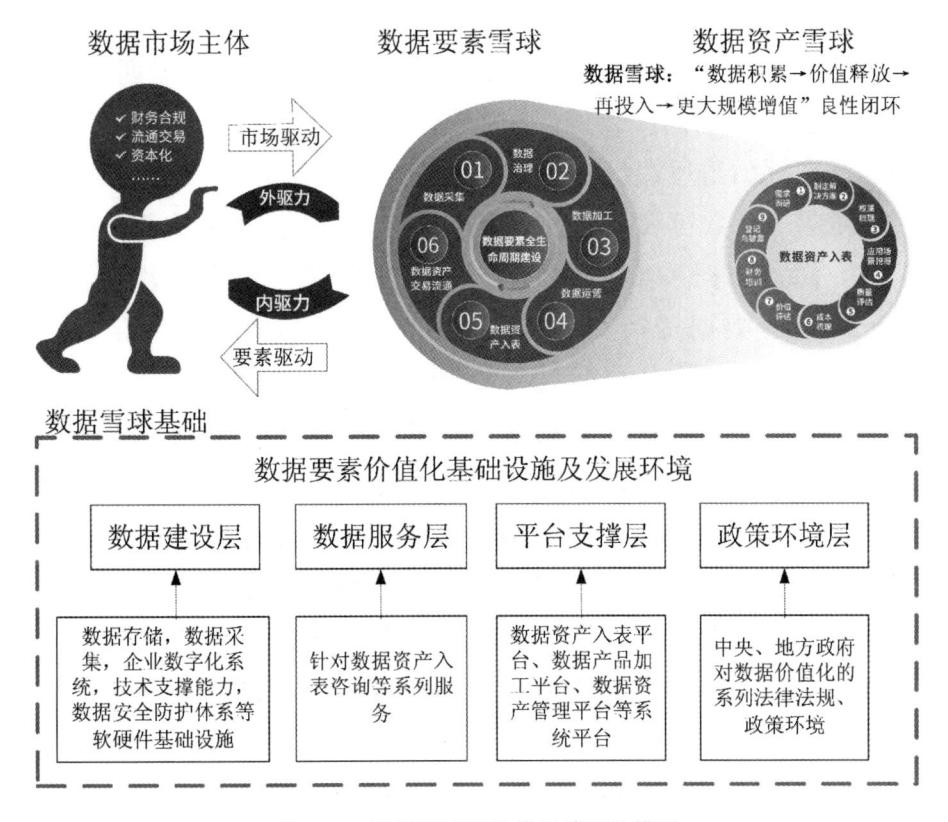

图 5-2 数据雪球理论的系统架构模型

资料来源:数据宝。

步法",实现数据资产的良性增值正循环。

第四,数据雪球基础。数据雪球基础是保障数据雪球实现价值增值的基础,主要包括数据建设层、数据服务层、平台支撑层、政策环境层等数据要素价值化基础设施及发展环境。一是数据建设层。主要包括数据存储,数据采集,企业数字化系统,技术支撑能力,数据安全防护体系等软硬件基础设施。二是数据服务层。主要是针对数据资产入表咨询等系列服务。三是平台支撑层。主要是数据资产入表平台、数据产品加工平台、数据资产管理平台等系统平台。四是政策环境层。主要是中央、地方政府对数据价值化的系列法律法规、政策环境,确保数据资产增值的政策法规环境等。

(3) **核心要素**

数据雪球理论的核心要素主要是数据资源全生命周期管理、场景融合驱动增值、数据应用的场景延展性、技术与合规的协同、动态评估与反馈机制五大要素。

①雪球:数据资源全生命周期管理。这是数据要素雪球的关键,涵盖数据采集、数据治理、数据加工、数据运营、数据资产入表、数据资产交易流通六大环节,形成了标准化操作路径。

②湿雪:场景融合驱动增值。数据要实现价值就需要有数据应用的场景,数据市场主体就是数据要素实现增值的外部驱动力。数据宝通过直连多个国家部委、央企数据资源,构建了覆盖政务、交通、金融等领域的超大规模数据池,通过金融风控、医疗健康、交通物流等300多个垂直场景模型实现数据与业务需求的深度耦合,激活了数据流通价值。例如在贵州万峰林景区项目中,数据宝整合了游客行为、商户经营等多维度数据,形成38类指标体系,为雪球的"湿雪"提供了基础。

③长坡:数据应用的场景延展性。数据宝通过"数据产品化"策略,将原始数据加工为API接口、分析模型等标准化产

品，突出数据资产的跨场景复用能力。其"信贷数据宝"风控模型已服务于 300 多家金融机构，并实现了单一场景数据的多客户复用。

④黏合剂：技术与合规的协同。数据宝自主研发的"数据资产保险柜"技术，通过可信计算、区块链等技术，确保数据在流通中的安全与合规，该技术已在湖南、贵州等地的融资案例中应用，实现数据资产"可用不可见"。

⑤自适应：动态评估与反馈机制。数据为什么能够实现增值，是由于数据宝公司建立并采用成本法、市场法、收益法相结合的评估体系，依托交易记录优化估值模型，确保资产价值随应用扩展而持续提升。

（4）全生命周期的价值闭环流程

数据雪球理论构建了"五元驱动"的数据资源价值增值的理论逻辑，涵盖数据资产从生成到增值的全流程。第一，数据资源治理。一是分类分级。依据《中华人民共和国数据安全法》对数据进行敏感与非敏感分类，如金融数据需通过"入表九步法"完成合规评估。遵循 GB/T 43697—2024《数据安全技术 数据分类分级规则》，结合行业特性细化分类标准，将景区数据分为游客行为、商户经营等子类。二是确权登记。通过数据交易所完成资产登记，如万峰林景区数据产品在贵州大数据交易所获得登记证书。数据宝采用"数据知识产权登记""数据资产登记"等多路径确权，使万峰林景区完成贵州省文旅领域首件数据知识产权登记。第二，数据资产化。一是估值模型。采用"成本＋收益＋市场"三维估值法，南方财经全媒体集团"资讯通"数据资产结合开发成本（占比 30%）与未来收益（占比 70%）确定价值。数据宝还引入了 AI 估值系统，将误差率降至 5% 以下，提升估值效率。二是会计处理。在"无形资产"科目下增设"数据资源"子科目，南京公交集团就将 700 亿条公交数据计入无形资产。数据宝通过"1+3+1"入表全链路解决方案，实现从成本归集到产品设计、挂牌登记的全流程服务。第三，数据市场化。一是交易模式。通过场内（交易所）与场外（直连客户）双渠道流通，由数据宝累计完成了1800多个数据产品交易，覆盖政务、金融等领域。例如，万峰林景区数据产品通过贵州大数据交易所流通，同时直连银行提供商户信用风控服务。二是金融化创新。探索数据资产质押、信托等模式。如贵州云宇橡胶数据知识产权质押融资3000万元，数据宝与信托公司合作推出"数据资产收益权信托计划"。第四，技术赋能。一是数据资产保险柜。提供了硬件级安全存储，解决数据抵押中的安全问题。该技术已通过等保2.0认证，确保数据流通中的合规性。二是AI建模平台。自动生成分析模型，通过AI协助景区游客画像模型开发效率提升60%，数据宝还开发了27个热网分析模型，助力能源企业优化运营。第五，生态协同。一是政企协同。与地方政府共建数据要素市场，《数据要素市场化："数据宝模式"研究》为地方数据要素市场政策制定提供了参考。二是行业联盟。联合金融机构、评估机构成立"数据资产服务联盟"，推动估值标准统一。数据宝与工商银行、齐鲁银行等共建融资通道，助力企业数据资产化。

（5）数据雪球理论的三大核心突破

通过对比传统静态数据管理模型与数据雪球理论的核心差异，数据雪球理论实现了三大突破性创新。

突破一：从孤立管理到全生命周期动态流转。如传统数据库仅强调存储容量和读写性能一样，传统模型聚焦于数据的静态存储与安全防护，将数据视为需要"锁在保险柜"的固定资源。数据雪球理论创新在于：一是全链条覆盖。构建"资源→资产→资本"的完整生命周期管理体系，覆盖数据盘点、合规确权、治理加工、场景运营、安全防护及价值评估六大环节。二是动态循环机制。通过场景应用反哺数据资源优化，例如某央企通过数据雪球理论梳理出35%可资产化数据后，针对性优化资源分配并实现价值跃迁。三是技术支撑。采用区块链存证、隐私计算等技术，确保数据在流转中既能释放价值又保障安全，如"数据保险柜"硬件与权属链系统。

突破二：从线性增值到场景驱动的指数级跃迁。传统模型的价值挖掘逻辑是线性叠加，例如，传统数据库通过硬件扩容提升性能，但存在叠加瓶颈。数据雪球理论创新在于：一是场景融合引擎。数据宝基于300多个垂直场景模型实现数据与业务的深度耦合。例如，车险风险评估模型整合动态数据后，使保险公司赔付率绝对值下降1.5%。二是技术赋能效率跃迁。引入向量化执行引擎、分布式节点架构，使数据处理效率实现几何倍提升。三是生态网络效应。有效连接50多个部委与央企，构建跨行业数据资源网络，形成了"数据越用越值钱"的正反馈机制，例如通过生态联盟降低了数据整合成本。

突破三：从单一估值到动态融合评估体系。传统模型依赖成本法估值，仅核算了数据存储、治理等显性成本，忽视了市场供需与未来收益。数据雪球理论创新在于以下三点：一是三重评估模型。成本法，核算数据采集、清洗等直接成本；市场法，基于十几万交易记录构建市场参照体系，例如建立了华东数交动态定价数据库；收益法，预测数据在场景中的未来现金流，例如医疗数据资产化后推动药企研发效率提升了40%。二是动态反馈机制，主要是通过交易数据实时优化估值模型，形成应用反哺估值模型的迭代创新机制。三是金融化工具。开发了资产证券化、质押融资等工具，推动数据从"无形资产"向"流动性资本"转化（见表5-1）。

表5-1　　　　　　　数据雪球理论与传统理论比较

对比维度	传统静态模型	数据雪球理论	突破意义
管理逻辑	数据存储与被动防护	全生命周期动态流转	激活"沉睡数据"，实现资源持续增值

续表

对比维度	传统静态模型	数据雪球理论	突破意义
增值路径	硬件扩容线性增长	场景驱动的指数级跃迁	破解"数据孤岛",释放跨行业协同效应
价值衡量	成本法为主,缺乏市场联动	成本/市场/收益法动态融合	建立数据要素市场化定价"锚点"

资料来源:作者自制。

数据雪球理论通过"资源→产品→资本"的三级跃迁,构建了数据要素市场化落地的完整路径。其核心价值在于将数据资产从静态管理转化为动态增值系统,为国有企业数据要素价值释放提供了可复用的方法论体系,标志着中国数据资产化实践进入"场景驱动、生态共荣"的新阶段

(二)"九步法":数据资产入表实践操作流程

数据资产入表是数据资产化落地的核心环节,也是企业实现数据价值转化的关键步骤。数据宝基于多年实践经验,创新性提出"九步法"操作流程,系统性解决数据资产入表中存在的权属不清、价值难量化、合规性不足等痛点。该流程以需求为导向,以合规为底线,以价值实现为目标,形成了一套可复制、可验证的标准化路径(见图5-3)。

1. 需求研究——定位数据资产入表需求

(1)核心目标

通过需求方研究,深度分析客户业务痛点与战略目标,明确数据资产化的核心诉求与优先级以及定位数据资产入表需求。在需求方研究阶段,通过"三维诊断模型"精准分析客户需求。第一,业务需求诊断,主要是识别数据资产入表的融资增信、

价值跃迁：数据资产化的"数据宝模式" 91

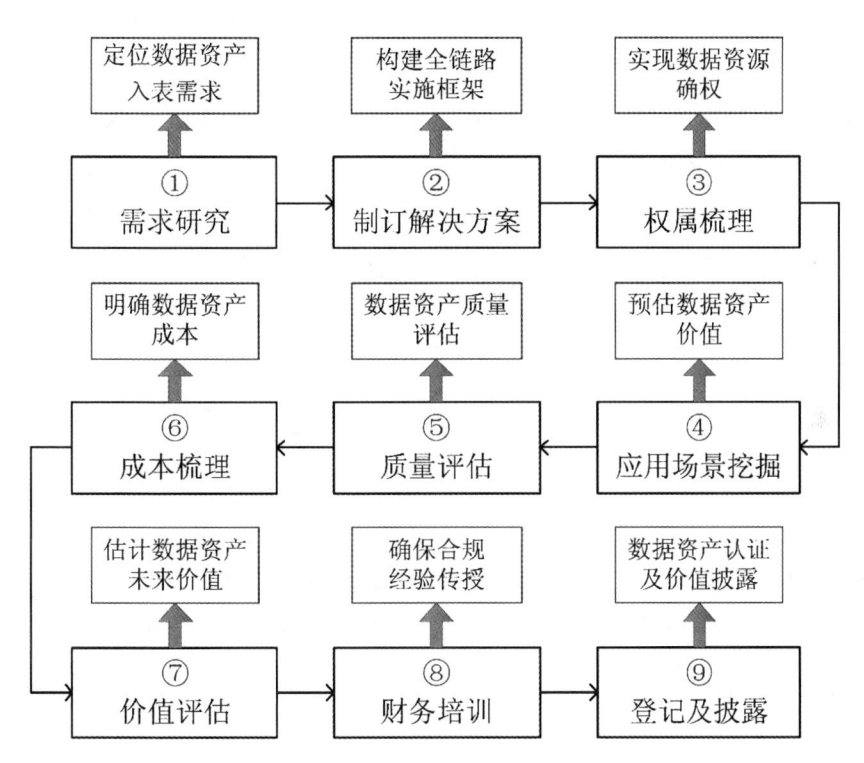

图 5-3　数据宝数据资产入表"九步法"实施示意图

资料来源：作者自制。

财务优化或战略布局等核心目标。第二，合规风险诊断。依据《中华人民共和国数据安全法》《中华人民共和国个人信息保护法》等法规，评估数据来源合法性与敏感程度。例如，通过入表"九步法"对金融数据完成合规评估，确认政务数据授权链路。第三，技术可行性诊断。评估数据存储架构、治理工具与入表技术的适配性。通过"数据资产保险柜"技术，确保政务数据在流通中的安全与合规。

（2）实施路径

按照实施"四维穿透法"建立需求定位分析。第一，全链条溯源。通过数据资产管理平台追溯数据采集、加工、应用全流程，识别高价值数据资源，例如文旅行业的游客行为时序数据。第二，多场景验证。搭建"监管沙盒"测试环境，模拟数据确权、估值、入表全流程合规性（如金融风控模型数据的隐私计算验证）。第三，动态建模。基于企业 ERP 系统数据等，构建"入表效益预测模型"，量化展示数据资产对资产负债率、流动比率等核心指标的影响。第四，风险预判。建立"红黄蓝"三级预警机制，对政务数据授权失效风险、金融数据跨境流动风险等设置阈值报警。

（3）方法论创新

第一，场景化需求分析。将需求拆解为"融资驱动型""战略布局型""合规优化型"三类，针对性地设计解决方案。第二，行业标杆对比。通过行业内较好的做法，提供行业内的发展标杆。例如参考济南能源集团（热网数据质押）、南京公交集团（700 亿条公交数据入表）等案例，提供了能源行业、公共事务行业的最佳实践参考。

2. 制定解决方案——构建全链路实施框架

（1）核心目标

通过定制整体解决方案，设计涵盖治理、合规、技术的端到端方案，匹配企业数据规模与行业特性，提出了"1+3+1"入表全链路解决方案，构建数据资产全链路实施框架。第一，1 项咨询服务。通过"入表九步法"解决合规难点。第二，3 个平台支撑。一是数据资产入表平台。自动化完成成本归集、估值建模与报表生成。二是数据资产加工平台。提供 API 接口、分析模型等标准化产品开发工具。三是数据资产管理平台。实现数据资产全生命周期监控与动态增值。第三，1 个硬件底座。数据资产保险柜提供硬件级安全存储。

（2）实施路径

主要包括定制化方案设计、政策适配性两大部分。定制化方案设计：根据行业特性调整方案，如文旅数据侧重游客画像，金融数据侧重风控模型。政策适配性：对接财政部《企业数据资源相关会计处理暂行规定》，明确数据资源计入"无形资产"或"存货"的分类标准。

3. 权属梳理——实现数据资源确权

（1）核心目标

通过数据盘点、数据确权，系统梳理数据资产清单，通过技术手段确认权属关系与合规使用边界，构建"三位一体"权属管理体系，通过"数据户口簿+权属区块链+合规认证码"实现数据资源全生命周期确权。第一，元数据摸查。基于《数据管理能力成熟度评估模型》（DCMM）国家标准，建立技术元数据（存储位置、接口规范）、业务元数据（使用场景、责任人）、管理元数据（安全等级、访问频率）的三维标签体系。通过存储位置、格式等技术元数据，业务含义、责任人等业务元数据，安全级别、访问权限等管理元数据构建数据目录。例如，对贵州万峰林景区完成了 38 类数据的元数据标注，形成了"数据资源清单"。第二，权属链溯源。依托区块链存证技术构建"数据基因库"，实现数据采集（如政务数据 API 调用记录）、加工（如脱敏算法版本）、流通（如交易所交易凭证）的全流程存证。通过区块链技术记录数据采集、加工、流通的全流程，使得获取的数据合法合规，从权属方面确保用户的数据权属清晰。例如，万峰林景区数据产品在贵州大数据交易所获得登记证书，确权流程耗时仅 7 个工作日。第三，合规性校验。建立"法律+技术"双校验机制，依据《中华人民共和国数据安全法》第 21 条完成分类分级，同步通过隐私计算验证数据可用不可见。例如对金融数据通过"入表九步法"完成敏感数据识别。

（2）实施路径

按照四个阶段实施权属管理。第一，数据资源普查。通过数据资源盘点系统自动化扫描存储介质，生成涵盖200+元数据字段的《数据资源台账》，建立"数据血缘分析引擎"，可视化展示政务数据从委办局采集到加工应用的完整链路。第二，权属链构建。部署区块链存证节点，对数据操作日志进行分钟级上链，例如南京公交集团每日300万条GPS数据采集记录，生成符合《区块链信息服务管理规定》的存证证书，支持司法链调取验证。第三，合规性审计。内置《金融数据安全数据安全分级指南》《个人信息安全技术 个人信息去标识化规范》等20项标准，自动输出合规评估报告。对跨境数据流动场景启用"数据安全保险箱"，实现物理隔离与加密传输双保障。第四，权属关系图谱。基于知识图谱技术构建动态权属网络，实时映射数据持有方、加工方、使用方的权益关系，对文旅行业游客画像数据设置"三权分置"模型，形成了所有权归景区、使用权归运营方、收益权按协议分配的数据权属改革新模式。

(3) 工具支撑

主要包括数据资源盘点系统、区块链存证平台两大工具。第一，数据资源盘点系统。自动化采集元数据，生成"数据资源目录"与"权属关系图谱"。第二，区块链存证平台。实时记录数据操作日志，确保数据权属的可追溯。第三，数据安全分级组件。集成自然语言处理技术，自动识别身份证号、银行卡号等50类敏感信息。对金融行业风控模型数据实施基础防护、增强防护、重点防护、核心防护"四级防护"。工具组合已应用于贵州万峰林景区项目，实现38类数据100%确权率，数据产品质押授信额度提升至3000万元。

4. 应用场景挖掘——预估数据资产价值

(1) 核心目标

通过数据资源应用场景挖掘、数据价值预估，挖掘数据可落地的业务场景，量化其经济效益与市场竞争力，以场景化数据产品开发实现基础价值→衍生价值→战略价值的三级价值跃升。第一，场景设计。基于300多个垂直场景模型库，匹配企业数据资源与业务需求，根据不同的场景设计来确定用户的价值。政务场景应用方面，万峰林景区数据产品用于旅游学术研究与商户金融风控。金融场景方面，"信贷数据宝"风控模型服务了300多家金融机构，单模型年收益超2000万元。在工业场景方面，热网监测数据帮助济南能源集团优化运营，降低了15.7%的能耗。第二，价值预估。建立直接价值、间接价值、战略价值的"三维价值评估体系"。直接价值，数据产品交易收入，如万峰林景区数据产品年销售额达500万元。间接价值，通过数据资产质押获得融资等间接价值，如贵州云宇橡胶数据知识产权质押融资3000万元。战略价值，构建形成了行业保护等战略价值，如数据宝累计服务10238家企业，形成覆盖金融、政务、交通等8大行业的生态网络。

（2）实施路径

实施"四阶价值激活引擎"。第一，场景挖掘。通过"数据—场景匹配矩阵"（含6大类128项指标）筛选高价值场景，例如物流行业车辆轨迹数据适配保险精算（UBI模型）、路政规划双场景，搭建"沙盒验证环境"测试场景可行性，某商业银行客户画像数据在精准营销与反欺诈场景的复用率达78%。第二，价值建模。开发"数据资产估值机"，内置金融（溢价率35%—55%）、政务（溢价率20%—40%）等行业基准模型，对文旅数据资产实施"三阶段估值法"：原始数据→脱敏数据→模型数据。第三，场景适配。建立"跨行业适配指数"，量化数据产品复用能力（如货车风险评估模型覆盖96.2%的营运车辆，适配物流、保险、车联网等行业），通过API市场实现"一次开发、多场景分发"。第四，动态优化。部署"数据价值监测仪"，实时追踪数据产品ROI变化（如某政务数据产品上线6个月后溢价率从28%提升至41%），建立场景淘汰机制，对180天无交易场景启动自动下架流程。

(3) 方法论创新

主要体现在两个方面。第一，场景复用性评估。通过量化数据产品增强跨场景复用能力，例如货车风险评估模型覆盖96.2%的营运车辆，实现单一场景数据的多客户复用。第二，ROI预测模型。结合行业平均数据溢价率，如金融数据溢价率35%—55%，预估数据资产的投资回报率。

5. 质量评估——数据资产质量评估

(1) 核心目标

通过数据质量评估，基于完整性、一致性等指标诊断数据缺陷，制定清洗规则提升可用性，构建"三维质量金字塔"模型，以"标准—过程—价值"三位一体质检体系建设，实现数据资产全生命周期质量评估。第一，完整性校验。建立"场景覆盖度指数"（SCI），要求核心业务场景数据覆盖率≥95%（如景区游客行为数据缺失率≤3%）。第二，准确性验证。实施"三源交叉验证法"，要求关键字段与权威数据源（中国人民银行征信中心、国家企业信用信息公示系统等）一致性≥90%。第三，一致性审核。制定"数据同源标准"（DSS），跨系统数据字段匹配度需达100%（如用户ID采用统一SHA—256加密规则）。第四，及时性评估。通过"时效健康度监测"（THM），实时数据更新延迟≤5分钟（金融风控场景要求秒级响应）。

(2) 实施路径

按时"五阶质量跃升工程"实现质量评估。第一，质量基线建模。开发"行业质量基线库"，整合金融（完整性≥98%）、政务（准确性≥95%）、工业（及时性≤1分钟）等12个行业标准。例如某智慧城市项目通过基线匹配，数据可用率从82%

提升至97%。第二，动态质检实施。部署"质量探针系统"，在数据采集端实施实时校验（如物流轨迹数据每秒完成坐标漂移检测），金融机构客户信息校验响应速度提升至毫秒级（原人工校验需30分钟）。第三，异常根因分析①。构建"质量故障树"模型，智能定位质量问题源头，实施"质量修复工作流"，自动触发数据补全、格式转换等修复动作。第四，质量价值量化。建立"质量溢价率模型"，数据质量评分提升增加交易溢价。如某制造业设备数据通过质量优化，估值从0.6元/条提升至2.8元/条。第五，持续质量治理。部署"质量健康度仪表盘"，实时监控8大类45项质量指标，建立质量回溯机制，支持过去180天任意时点数据快照核查。

（3）**方法论创新**

建立"智能质量工程学"质量评估体系。第一，动态质量评分系统。开发"Q-Score质量算法"，包括融合完整性（30%）、准确性（35%）、一致性（20%）、及时性（15%）多维权重。例如某商业银行客户数据质量评分从68分提升至92分，数据产品溢价率提高40%。第二，AI质检融合模型。构建"机器学习+规则引擎"双驱动架构，异常检测准确率达99.2%（传统规则引擎仅85%），自然语言处理技术实现非结构化数据自动校验（合同文本关键条款提取准确率达98.7%）。第三，质量溯源区块链。部署"质量溯源链"，记录数据全生命周期质量事件（如采集时间、清洗记录、校验结果）。

（4）**工具支撑**

主要包括两大工具。第一，数据质量监控平台。通过监控平台，实时监测数据质量指标，自动触发清洗与修复流程。第二，AI数据标注工具。通过标注工具，提升图像、文本等非结构化数据的标注效率与准确性。

---

① 根因，指异常根本原因。

6. 成本梳理——明确数据资产成本

（1）核心目标

数据资源成本梳理，核算数据采集、存储、维护成本，评估投入产出比以优化资源配置，按照"三级成本分摊法"，明确数据资产成本。第一，直接成本。一是采集成本。如政务数据采购费用、传感器部署成本。二是加工成本。数据清洗、标注、建模等人力与工具投入。第二，间接成本。一是存储成本。云存储或本地服务器的运维费用。二是安全成本。数据加密、防火墙等安全措施投入。第三，机会成本。一是数据独占性成本。因数据授权导致的潜在收入损失。二是合规成本。数据跨境流动、隐私保护等合规性支出。

（2）实施路径

按照"四维成本透视法"实现成本梳理。第一，成本基因解码。开发"成本染色体图谱"，识别 12 类 156 项成本基因（如数据清洗环节发现 32% 成本源于人工复核）。例如某物流企业通过基因分析，将轨迹数据处理成本降低 42%。第二，动态成本追踪。部署"成本热力传感系统"，实时监控数据资产成本波动（发现某金融模型接口调用成本突增 137% 源于羊毛党攻击），建立成本异常三级预警机制（设置黄色/橙色/红色预警响应时效分别为 2 小时/1 小时/0.5 小时）。第三，场景成本适配。创建"成本—场景匹配指数"（CSI），要求单场景成本收益率≥1：3，政务数据在旅游管理场景的边际成本下降。第四，价值成本优化。实施"成本削峰填谷计划"，利用闲置算力降低 30% 夜间数据处理成本。

（3）方法论创新

主要体现在作业成本法及动态成本模型方面的创新。第一，作业成本法（ABC）。将数据处理量、接口调用次数等成本动因与资源消耗挂钩，实现精细化分摊。第二，动态成本模型。根据场景扩展、客户流失等数据资产价值变化，实时调整成本分摊比例。

7. 价值评估——估计数据资产未来价值
（1）核心目标

通过数据资产价值评估，结合成本法、市场法构建定价模型，通过独创的"三维估值法"，建立"成本+收益+市场"的三维估值体系，估计数据资产的未来价值，用得较多的是收益法。第一，成本法。公式：数据资产价值=直接成本+间接成本+机会成本。案例：南方财经全媒体集团"资讯通"数据资产开发成本占比30%。第二，收益法。公式：数据资产价值=未来收益现值×风险调整系数。案例：万峰林景区数据产品未来5年预期收益折现后估值7000万元。第三，市场法。公式：数据资产价值=可比交易价格×修正系数。案例：万峰林景区参考贵州大数据交易所同类文旅数据产品交易价格，修正后估值5000万元。

（2）实施路径

按照"五阶价值跃迁"实现价值评估。第一，价值基因解码。构建"价值要素图谱"，识别12类价值驱动因子（如数据颗粒度、更新频率、合规等级）。第二，动态基准锚定。接入全国十多个大数据交易所实时行情，建立200个细分行业价值基准线。金融风控数据参照上海数据交易所最新成交价，估值校准效率提升3倍。第三，风险智能折现。开发"风险雷达系统"，动态监测数据贬值风险，例如，某位置数据因政策调整风险系数从0.7升至0.9。通过实时调整折现率参数，误差率控制在±3%以内。第四，场景价值适配。创建"价值—场景适配矩阵"，支持8大类36个应用场景价值转换（如医疗数据在保险场景价值系数为1.8，在科研场景为0.6）。例如，某三甲医院影像数据跨场景复用后估值提升220%。第五，持续价值运维。

部署"价值健康度仪表盘",实时监控价值波动关键指标(日更新频次≥3次),建立价值回溯机制,支持过去180天任意时点估值快照调取。

(3) 工具支撑

主要包括两个工具支撑。第一,AI估值系统。结合行业数据与机器学习算法,将误差率降至5%以下。第二,动态估值模型。根据客户增长、收入波动等数据资产运营情况实时调整估值。

8. 财务培训——确保合规经验传授

(1) 核心目标

通过财务培训入账,制定会计科目与入表规则,培训财务团队实现资产合规化财务处理。构建覆盖"合规体系搭建—会计准则应用—风险应对"的财务能力提升框架,形成合规赋能体系。第一,提升三大核心能力。一是提升设计能力,数据资产合规管理体系设计必须满足《中华人民共和国数据安全法》《金融数据安全 数据安全分级指南》等法规要求;二是提升实操能力,数据资源会计处理实操必须精准执行财政部《企业数据资源相关会计处理暂行规定》;三是防控能力,数据资产风险防控必须建立覆盖数据确权、估值、审计的全流程风控机制。第二,使用两类标准化工具。包括数据资产入表操作手册、金融/政务等行业合规白皮书。第三,建立动态更新机制。通过数据资产管理平台实时同步最新财税政策与安全标准。

(2) 实施路径

主要包括培训内容规划、培训模式搭建、培训效果优化三大部分。第一,培训内容规划。深度解读财政部《企业数据资源相关会计处理暂行规定》等政策文件,围绕数据资产入表的会计处理原则、计量方法、报表列示要求进行系统讲解;结合不同行业场景案例，剖析历史成本法、收益法等估值方法的具体应用；梳理数据权属确认、估值标准选择等关键环节的风险点，传授针对性防控策略。第二，培训模式搭建。采用"线上 + 线下"相结合的多元化培训模式，邀请数据资产领域专家、资深财务从业者进行授课；设置模拟数据资产入表实操环节，专家现场指导操作；搭建线上交流平台，提供长期答疑和经验分享支持。第三，培训效果优化。通过考核测试、案例分析作业等方式检验培训成果，针对薄弱环节进行强化辅导；定期收集企业反馈，根据实际需求动态优化培训课程内容和教学方式，持续提升培训质量，帮助企业财务团队积累数据资产入表实战经验。

9. 登记及披露——数据资产认证及价值披露

（1）核心目标

通过数据资产登记与披露，建立资产登记台账，按监管要求披露权属、价值及风险信息，保障透明度，通过"双轨登记制"，实现数据资产"身份认证"与价值披露。第一，场内登记。场内登记主要包括完成资产登记流程及获得证书。一是完成资产登记流程。通过数据交易所完成资产登记，如万峰林景区数据产品就在贵州大数据交易所登记。二是证书获得。获得"数据资产登记证书"，作为权属证明与交易凭证。第二，场外登记。场外登记主要是完成知识产权登记及获得证书。一是获得知识产权登记。通过自主研发的"数据知识产权登记平台"完成登记。二是获得知识产权证书。获得"数据知识产权登记证"，用于质押融资（如贵州云宇橡胶案例）。

（2）披露要求

主要包括强制披露及自愿披露两种类型。第一，强制披露。

在财务报表"无形资产"或"存货"科目下增设"数据资源"子科目,如南京公交集团将 700 亿条公交数据计入无形资产。第二,自愿披露。公开数据应用场景、价值贡献等信息,例如数据宝客户年均增收 15%—30%。

(3) 工具支撑

主要通过数据资产登记平台、智能披露系统实现工具的支撑。第一,数据资产登记平台。对接全国文化大数据交易中心等机构,实现"线上申请 — 审核 — 发证"全流程电子化。第二,智能披露系统。自动生成符合会计准则的披露文档,降低合规成本。

数据宝的"九步法"不仅是数据资产入表的操作指南,更是数据要素市场化的"方法论创新"。对数据资产入表具有重要价值:一是从合规到增值。通过"治理 — 资产化 — 运营"闭环,将数据从"成本项"转化为"收益源"。二是从工具到生态。构建"交易所 + 金融机构 + 企业"协同网络,打通数据资产入表与融资闭环。三是从实践到理论。将行业经验升华为可复制的方法论,推动数据要素市场化进入"价值运营"新阶段。随着政策的逐步完善与技术创新,"九步法"有望成为企业数据资产化的"标配流程",为中国做强做优数字经济注入新动能。

(三) 数据宝数据资产化全链路解决方案

数据资产化是一项系统性工程,数据宝基于"九步法"方法论,进一步提出"1+3+1"入表全链路解决方案,成为"数据雪球理论"在实践中的核心载体,针对数据资产化过程中的"合规难、操作难、流通难"三大核心痛点,探索了一条从数据资源到数据资产的完整转化路径(见图 5-4)。

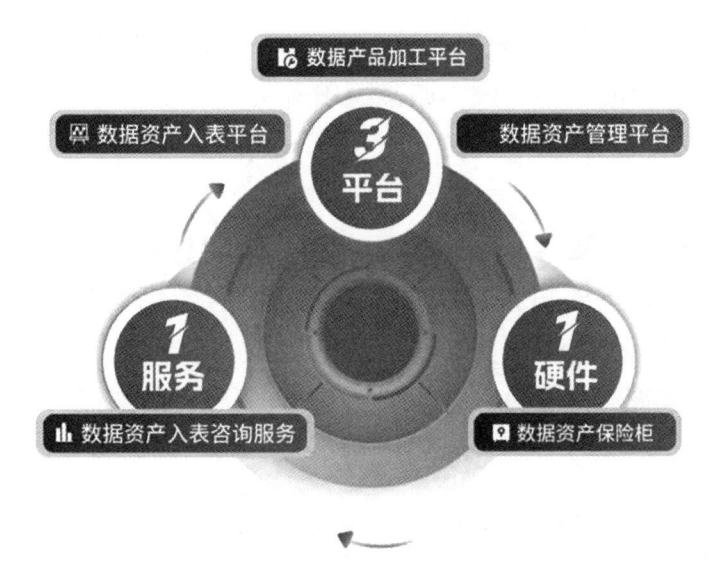

图 5-4　数据宝数据资产"1+3+1"全链路解决方案示意图

资料来源：数据宝。

1.1 项咨询服务——合规入表的核心引擎

（1）定位

以"九步法"为核心框架，为企业提供全流程合规性设计与实施指导。

（2）核心功能

第一，合规诊断与路径规划。基于《中华人民共和国数据安全法》《企业会计准则》等法规，结合如金融、政务、制造业等行业特性，识别数据权属、会计确认、信息披露等风险点，形成《数据资产入表合规白皮书》。例如某汽车厂商通过数据宝"需求分层模型"，明确自动驾驶数据的入表目标为业务级，即车联网服务开发，规避了原始数据权属的争议问题。第二，价值实现方案设计。通过"场景价值系数模型"，匹配如供应链金融、用户画像等数据资源与高潜力应用场景，构建"数据资产收益—成本"动态测算模型。创新工具采用数据宝"沙盘推演系统"，支持多版本入表方案模拟，降低试错成本达30%以上。

第三，审计协同与风险预控。联合会计师事务所开展"审计前置"，针对估值模型、成本归集逻辑等关键环节预审，确保符合企业会计准则相关要求。

2.3 个平台支撑——技术驱动的落地工具链

3 个平台主要包括数据资产入表平台、数据产品加工平台、数据资产管理平台等。图 5-5 为数据宝数据资产 3 个平台解决方案系统结构图。表 5-2 所示为数据资产 3 个平台解决方案比较表。

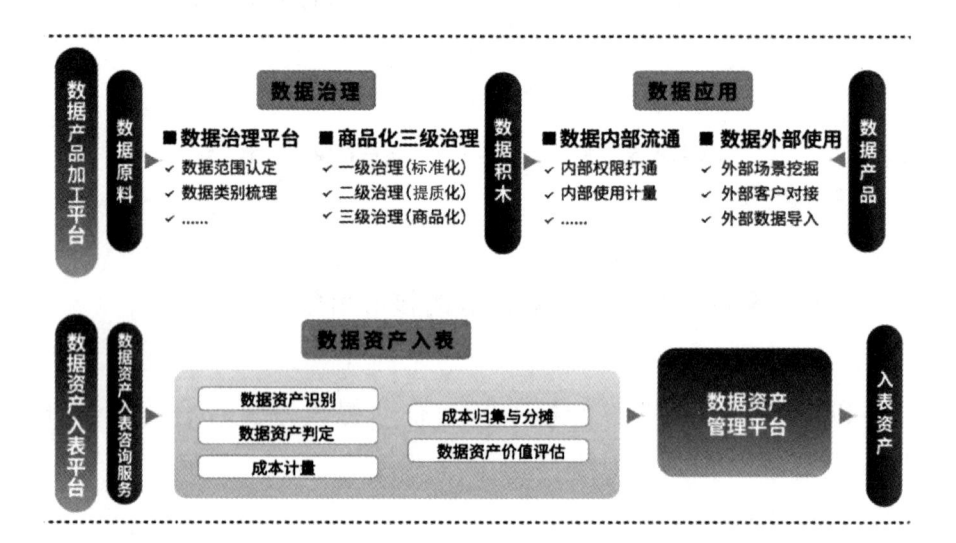

图 5-5　数据资产 3 个平台解决方案系统结构图

资料来源：数据宝。

表 5-2　　　　　数据资产 3 个平台解决方案比较表

平台	功能定位	技术突破	应用案例
数据资产入表平台	自动化合规与财务集成	对接企业 ERP/财务系统，实现成本归集、摊销自动化（误差率<3%）	云宇橡胶 3000 万元数据质押融资案例中，成本归集效率提升 80%
数据产品加工平台	标准化产品开发与场景适配	集成无痕交互引擎、隐私计算芯片，支持 API 接口、分析模型等 1800+数据积木产品	"信贷数据宝"年促成贷款授信 673 亿元，覆盖 95%车辆风险评估

续表

平台	功能定位	技术突破	应用案例
数据资产管理平台	全生命周期监控与动态增值	采用向量化执行引擎+分布式架构，实现千亿级数据毫秒响应，支撑实时价值评估	某央企数据资产增值超百亿元，35%的历史数据完成入表

资料来源：根据数据宝提供资料综合分析整理。

（1）数据资产入表平台

自动化实现"资源变资产"。通过了解数据资产入表中数据资产识别、数据资产判定、成本归集与分摊、数据资产价值评估、成本计量等工作，数据资产入表平台承担数据资产入表咨询服务。第一，核心能力。实现自动化合规与财务集成。一是智能成本归集。基于作业成本法（ABC），自动抓取数据采集、清洗、标注等环节的成本数据，生成符合会计准则的《数据资产成本分摊报告》。二是动态估值建模。内置收益法、市场法、成本法三类模型，结合蒙特卡洛模拟优化估值区间，输出《数据资产公允价值评估报告》。三是实现一键报表生成。对接企业财务系统，自动生成数据资产初始计量、后续计量、减值测试等标准化会计凭证与附注模板。第二，技术突破。应用联邦学习技术，在保护数据隐私前提下完成跨域数据价值计算。区块链存证确保成本归集与估值过程可追溯、不可篡改。

（2）数据产品加工平台

标准化产品开发工具箱。包括数据治理及数据应用两部分，实现从数据原料、数据积木、数据产品的转化。第一，功能模块。功能定位为标准化产品开发与场景适配。一是数据治理模块。数据治理平台，包括对数据范围的认定，数据类别梳理等。商品化三级治理，其中一级治理实现基础化、二级治理实现合规化、三级治理实现商品化。二是数据应用模块。数据内部流通，包括内部权限打通、内部使用计量等。数据外部使用，包括外部场景挖掘、外部客户对接、外部数据导入等。第二，行业价值。某城市大数据局通过该平台，3周内完成交通流量数据的API化封装，日均调用量超50万次，年收益突破800万元。

（3）**数据资产管理平台**

全生命周期运营中枢。数据资产管理平台通过对数据资产的全生命周期监控实现动态增值。第一，核心功能。实现数据资产的全生命周期监控与动态增值。一是资产看板。实时监控数据资产规模、活跃度、收益贡献等核心指标，支持多维度穿透式分析。二是合规预警。内置200多条数据安全与会计准则规则库，自动触发权属变更、估值偏离等风险预警。三是增值运营。通过数据血缘分析识别低效资产，推荐数据融合、衍生品开发等场景化再利用方案。第二，技术特色。应用知识图谱技术构建"数据资产关系网络"，动态追踪资产复用价值链条。

3.1个硬件底座——数据资产保险柜

为企业数据资产提供可靠数据托管服务，解决数据资产抵押的数据安全问题。采用大容量蓝光光盘作为存储介质，通过内置的机械装置自动实现数据读写；搭载归档软件，按照客户设置的数据生命周期管理策略，自动实现数据分级存储和归档，可降低企业存储成本、提高数据安全可靠性、价值数据长效保存、企业数据存储极简运维。图5-6所示为数据宝数据资产保险柜系统结构图。

（1）**设计理念及特征**

以硬件级安全防护保障数据资产"存得稳、流得通、用得安"，以国有控股设计的贵州数据产品加工运营有限公司运营。第一，国有控股，安全可靠。为更好地保存数据，数据宝通过提供国有控股公司——贵州数据产品加工运营有限公司的数据资产保险柜，为企业数据资产提供可靠的数据托管服务，解决数据资产抵押的数据安全问题。第二，降低成本，极简运维。

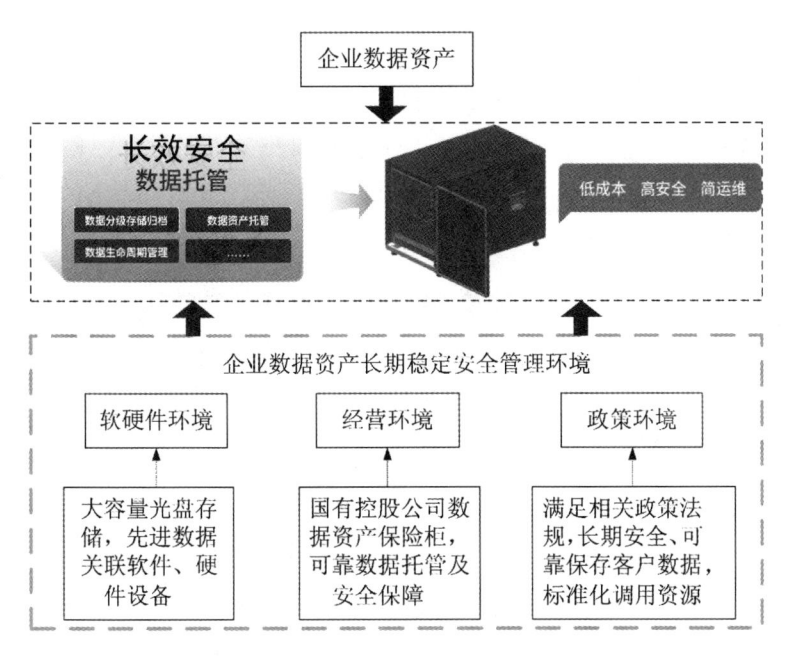

图 5-6　数据宝数据资产保险柜系统结构图

资料来源：数据宝。

数据资产保险柜满足相关法规要求，可长期、安全、可靠地保存客户数据 50 年以上，减少因更换存储设备带来的成本支出，真正发挥"以一当十"的作用。有着软硬一体化设备和丰富的接口，满足用户即插即用的需求，降低数据存储过程中产生的成本及复杂难度。第三，金融化接口，提高授信。支持数据资产质押融资，金融机构可通过 API 直接调取保险柜内数据估值报告，授信周期缩短至 7 个工作日。数据资产保险柜还可在企业申请贷款时发挥作用，将企业的数据资产传入数据资产保险柜中，将其作为贷款抵押物抵押给银行，进一步增加企业的授信能力，为企业从银行获取更多融资提供有利条件。

(2) **产品主要优势**

数据资产保险柜作为数据资产入表的创新性产品，具有长期存储、安全可靠、绿色环保、符合规范、简单易用、持续兼容等优势。第一，长期存储。可保存数据 50 年以上，自研高品质光驱，寿命是民用级光驱的 10 倍。第二，安全可靠。防篡改、防病毒攻击、不受电磁干扰，支持 RAID 存储，最高可靠性可达 19N。第三，绿色环保。常温下即可正常运行，同等存储容量下，能耗仅为磁盘存储 1/20，连续入选工信部《国家绿色数据中心先进适用技术产品目录》。第四，符合规范。长期、安全、可靠地保存客户重要数据，满足相关法规要求。第五，简单易用。软硬一体标准化设备，接口丰富全面，即插即用。第六，持续兼容。自研蓝光光驱持续兼容前代光盘，保证光盘可读性。

（3）有效实现客户价值

数据资产保险柜的诸多优势，能够从成本、安全、保存、运维等方面有效实现客户价值。第一，降低企业存储成本。长周期存储，免迁移，切实降低企业的存储成本，实现绿色节能降耗。第二，提高数据安全可靠性。防篡改、不受电磁干扰，有效提高客户数据安全的可靠性。第三，价值数据长效保存。由于有价值数据的长效保存，充分实现企业大数据的挖掘利用，数据赋能企业发展壮大。第四，企业数据存储极简运维。由于数据保险柜的部署及应用简单，切实降低了运维成本及复杂度，让企业数据存储、运维工作极其简单。

4. 行业价值——重构数据要素市场规则

数据宝的"1+3+1"解决方案对中国探索数据要素利用具有重要意义。

（1）方法论创新

一是合规与技术双轮驱动。通过"数据资产保险柜"技术解决安全问题，同时对接"数据二十条"等政策。二是动态估值模型。结合 AI 与行业数据，实现估值结果的实时更新与修正。三是生态协同机制。联合交易所、金融机构、审计机构构建"登记—交易—融资"生态，如与工商银行共建实现了融资通道。

（2）实现标杆效应

一是融资突破。为数十家企业提供千万级质押融资，为国央企达成亿级数据变现。二是行业示范。万峰林景区成为文旅行业首个数据资产入表案例，黄山旅游集团等企业慕名调研。三是政策贡献。案例被写入《数据要素市场化"数据宝模式"研究》，为国家、地方数据要素市场化、价值化等政策制定提供了参考。

（3）技术壁垒构建

一是工具链整合。打通数据治理、资产化、运营的全链路体系，形成"采集 — 加工 — 交易 — 融资"闭环整合。二是硬件安全底座。通过数据资产保险柜等认证，成为金融、政务领域的刚需工具。

数据宝的"1+3+1"入表全链路解决方案，本质上可以形象比喻为数据要素市场化的"操作系统"。其价值在于三个方面：一是从合规到增值。通过"治理 — 资产化 — 运营"闭环，将数据从"成本项"转化为"收益源"。二是从工具到生态。构建了"交易所＋金融机构＋企业"的协同网络，打通了数据资产入表与融资的闭环。三是从实践到理论。将行业经验升华为可复制的方法论，推动数据要素市场化进入"价值运营"新阶段。随着政策完善与技术创新，"1+3+1"方案将逐步完善，成为中国企业数据资产化的"标配流程"，为做强做优数字经济注入新动能。

六 数据资产化的"数据宝模式"典型实践

数据宝关于数据资产化的理论和操作标准化流程指导了企业数据资产化实践探索,同时也是来源于大量行业典型企业数据资产化实践的结果。分析和观察这些实践案例,可以为数据要素价值化理论研究和业界实践探索提供重要参考和有益启示。

(一)工业数据资产化实践案例

推动工业企业数据资产化有利于促进实体经济和数字经济深度融合。工业企业数量多,规模大,数据资产化需求强烈,但普遍面临数据"不会用、不敢用"的痛点。数据宝与工业企业合作,深度响应政策要求,以合规确权为基座,以场景增值为核心,其案例实践可以为工业企业推进数据资产化提供有益参考。

1. 新疆天业与贵阳中安科技企业简介

新疆天业股份有限公司(以下简称"新疆天业")是大型国有企业,成立于1996年,公司业务包括化工、农业、电力、建材等产业板块,是新疆生产建设兵团重点打造的循环经济示范企业,西北地区重要的综合化工产业基地。新疆天业依托新疆丰富的煤炭、盐、石灰石等资源,形成了"煤—电—化工—建材"一体化产业链,主要产品包括聚氯乙烯(PVC)、烧碱、电石、水泥等。旗下拥有天业股份(600075.SH)等上市公司,业务覆盖全国并出口海外。近年来,新疆天业积极推进数字化转型,通过ERP、MES等信息化系统优化生产管理,并成功实施兵团首个数据资产入表项目,推动工业数据价值变现。

贵阳中安科技集团有限公司(以下简称"贵阳中安科技")成立于2018年3月,总部位于贵州省贵阳市,年产值约500亿元,是一家集研发、制造、检测、销售、服务于一体的现代化制造企业,先后荣获中国品牌500强、国家级专精特新重点"小巨人"、国家级高新技术企业、国家级绿色供应链管理企业、国家级"绿色工厂"、工信部全国质量标杆企业、国家级CNAS实验室、中国线缆行业100强、贵州民营企业制造业10强、贵州省工业龙头企业等荣誉。

2. 数据资产入表需求分析

工业和信息化部办公厅《工业数据分类分级指南》为贵阳中安科技等工业企业提供了标准化的确权框架。近年来,新疆生产建设兵团通过"上云用数赋智"专项行动逐步搭建了统一数据资产管理平台。但无论是类似新疆天业这样的大型综合性化工企业,还是类似中安科技这样的电缆制造企业,都面临数据碎片化与价值挖掘不足的挑战,例如具体表现为危化品生产数据分散、设备运行参数未有效建模分析以及电缆行业需克服生产系统数据标准不统一导致的数据孤岛等问题。

从实践来看,工业企业都面临需要聚焦于安全合规与价值激活的双重目标。例如,新疆天业希望强化全流程动态监控与风险预警能力,平衡创新发展与安全管控;中安科技希望通过成本法和收益法确权获取银行授信,解决数据资源"沉睡"难题,赋能精细化管理。

3. 数据宝主要做法

（1）构建本地化数据资产入表服务生态

面对新疆天业规模庞大且数据状况复杂的挑战，数据宝创新采用"在地服务生态共建"模式。首先，引入本土机构形成协作网络，联合本地律所、会所成立专家组，通过现场培训建立专业化服务能力。其次，输出标准化流程工具降低实施门槛，数据宝基于全国 60 余区域覆盖经验，提供数据治理、评估模板等工具包，确保本土机构快速掌握核心环节。最后，建立长期服务机制保障生态可持续，在设计互联网+危化安全生产数据入表方案时同步规划后续运营，形成"首单示范—经验沉淀—生态溢出"良性循环。

（2）开展全链条数据价值挖掘

针对新疆天业跨行业、多层级的数据治理难题，实施全维度价值激活策略。包括穿透式数据资源摸底，实地调研识别出关键数据池。跨域数据融合开发，将分散的数据进行时空关联分析，建立风险预警模型，基于已有 1800 个成熟数据产品库，匹配金融保险、供应链管理等需求，定制数据服务包，帮助数据产品溢价率提升。对于贵阳中安科技，围绕电缆制造业务流程，整合 MES、ERP、CAPP 三大平台数据资源，建设行业级数字底座，并对接第三方机构完成"销售订单""生产工艺""仓储供应链"数据集提纯确权，形成系列数据产品。

（3）打造合规与价值双轮驱动体系

一是提出"监管—业务"双嵌合规框架，实现资产化全程可控。按照《中华人民共和国数据安全法》划分防护标准，开发动态脱敏工具保障过程合规。同时，实施双线合规认证，助推新疆天业取得全国首批"数据要素登记凭证+知识产权证书"双资质。二是注重数据资产管理全流程闭环。依据数据资产入表"九步法"框架，系统实施工业数据全生命周期管理。从建立全域治理架构到复合评估模型,再到数据安全管理体系的构建,实现数据开发利用与安全防护的平衡,为工业企业推进数据资产闭环管理提供坚实基础。

4. 项目成效与案例启示

(1) 项目成效①

一是数据资产入表显著提升了企业融资能力。新疆天业集团通过数据驱动工艺优化和能耗分析降低了单位产值电耗,并成功实现危险品全流程监管、能源管理两大场景的数据入表,获得数据凭证。贵阳中安科技通过数据资产评估金额超4000万元,数据资产入表金额达1300万元,并获得中国建设银行2000万元贷款额度,有效补充了流动资金。二是优化了企业内部管理和运营效率。新疆天业通过将生产数据与供应链管理系统融合,优化了原材料采购周期,提升了库存管理效率。贵阳中安科技实现了原料损耗率显著下降,碳排放总量减少,同时赋能精细化管理,提升设备预警系统的效能。三是品牌价值和社会影响力得到增强。新疆天业培养了本地化数据入表生态,提高了入表效率。贵阳中安科技案例入选全国工业领域标杆,获《贵州日报》等媒体专题报道,带动产业链上下游联合开发数据服务生态,巩固了行业地位。

(2) 案例启示

案例验证了政策指导下的数据资产化路径可行性。新疆天业的成功实践为大型综合工业集团提供了可操作模板,尤其是在数据确权、合规评估等方面形成了标准化流程。贵阳中安科技的探索展示了如何利用政策支持加速工业数据从生产辅助工具向核心生产要素转型。案例数据治理范式对行业有启示。新疆天业整合设备运行、环境监测等数据形成安全生产风险预警模型,推

---

① 本部分内容数据主要由数据宝公司提供。

动事后处置向事前预防转型。贵阳中安科技通过系统性整合MES、ERP、CAPP 三大平台数据资源，形成覆盖订单管理到仓储物流的核心数据目录，推动生产能效提升，为其他工业企业提供了宝贵经验。数据资产化产生的多重效益对制造企业推进数据资产化提供了重要的参考和借鉴。新疆天业不仅在经济上取得了显著成果，还通过数据助力安全生产管理，降低了非计划停机的风险，有利于提升能源综合利用效率。贵阳中安科技通过数据资产化项目促进了企业经济与效能双提升，进一步证明了数据资产化对于促进实体经济和数字经济深度融合的重要性。

（二）农业数据资产化实践案例

推动农业企业数据资产化有利于优化金融服务供给，更好地支持农业发展。数据宝对吉林省农业综合信息服务股份有限公司（以下简称"吉林农信"）土壤墒情数据资产化的实践，实现从数据采集到确权、评估再到融资的全链条设计，展示了农业数据资源向生产要素转化的可行性，对探索数据如何赋能农业金融改革、重构风险治理体系及激活乡村振兴新动能具有重要启示。

1. 吉林农信企业简介

吉林农信成立于 2000 年，注册资本 2000 万元，主营业务包括向政府及电信运营商提供涉农业信息系统平台建设与第三方运营服务，同时为农户和农业企业提供农业综合信息服务及农村电商平台服务。吉林农信核心产品包括"12316 三农信息服务平台""易农宝"App、"开犁网"电商平台等。

2. 数据资产入表需求分析

政策层面，《企业数据资源相关会计处理暂行规定》与国务院《"数据要素×"三年行动计划（2024—2026 年）》为农业数据入表提供制度保障，吉林省"数字乡村暨智慧农业试点"政策为土壤墒情数据资产化创造场景支撑。行业数据价值化应用存在数据采集分散且有效性不足，传统保险定价依赖经验判断，同一墒情数据无法复用至政府防汛、银行信贷等多场景等痛点，待加快解决。因此，吉林农信希望突破"数据孤岛"，将230万条土壤数据转化为标准化 API 接口等可交易资产；创新"数据—金融—保险"增值链条，开发动态费率农业保险产品；构建政企研协同生态，推动同一数据集复用于黑土地监测、防灾减灾等场景，形成数据流通网络。

3. 数据宝主要做法

（1）用好政策深入应用探索

结合东北地区黑土地特性，制定了适合本地的数据资产化方案。通过实际应用场景展示数据价值，如银行风控模型中嵌入土壤墒情数据优化信贷评估，开发基于数据的动态费率农业保险产品等。

（2）建立信任机制形成正向循环

利用具体的应用场景展示数据的实际价值，逐步建立起农户和金融机构对数据的信任。通过数据赋能提升效益，形成"数据赋能—效益提升—信任增强"的正向循环，使得数据的价值得到广泛认可。

（3）构建多方合作生态系统

组建包括政府、银行、保险公司及科研机构在内的多方位合作团队，形成一个完整的数据利用生态体系。同一份土壤墒情数据被不同角色用于不同目的，例如农业农村局用于防洪抗旱、保险公司确定保费、种粮大户决策浇水时间，实现数据高效利用和增值。

（4）推动数据资源向资本市场的转化

采用"三筛两验"方法处理原始监测数据，确保数据准确性和有效性。再通过区块链技术存证确权，使数据成为账本上的真实资产。将处理后的数据转化为标准化的数据产品，满足银行、保险公司、政府等不同需求方的要求，实现了数据从资源到资产再到产品的三次跃迁。通过数据联盟等形式进一步激活数据的价值，不仅使其成为金融活动中的重要凭证，还促进了智慧农业的发展，助力乡村振兴。

4. 项目成效与案例启示

（1）项目成效

吉林农信成功将土壤墒情数据转化为可交易资产，估值达到 1500 万元，让东北黑土"泥土里的数据"变身"资本市场的硬通货"。开发了六种标准化数据产品，包括 API 接口、监测报告等，特别是通过联合金融机构开发动态费率模型，实现了"墒情指数保险"产品的生态构建，推动传统定损模式向风险预防转型。依托数据资产化成果，提升了农业贷款风险评估的精准度，并且构建了"数据—金融—保险"增值链条，形成数据流通增值网络，显著提高了农业生产的效率和风险管理能力。

（2）案例启示

首先，项目通过区块链存证与第三方确权，将农业数据明确为可计量资产，建立了"登记—评估—确权"全流程规范，解决了相关农业数据产权归属不清、价值认定模糊的问题。其次，通过开发标准化数据产品，打通了"数据资源—数据资产—交易变现"的转化链路，土壤数据实际交易变现等实践成果，为农村相关政策修订提供了参考。此外，项目形成的土壤数据采集标准有助于建立全国耕地数据质量标准，推动区域数据治理框架的标准化建设。

（三）商贸流通数据资产化实践案例

推动商贸流通类数据资产化有利于更好地促进流通业和消

费发展，支持构建新发展格局。依托中国—东盟陆路门户区位优势，广西凭祥市国际贸易开发集团有限公司数据入表项目破解了多主体数据权属难题，为沿边地区商贸流通行业提供"数据财务化—产品化—资本化"全流程范式，加快推动传统边贸向数字贸易枢纽升级，为数据要素价值释放激活沿边经济新动能提供有益参考。

1. 广西凭祥市国际贸易开发集团有限公司企业简介

广西凭祥市国际贸易开发集团有限公司是凭祥市人民政府授权成立的一家大型国有企业，成立于2015年6月，注册资本金9.5亿元，集团公司旗下拥有5家二级子公司和2家三级子公司，总资产45.8亿元。集团公司主要业务范围涉及重大项目投融资建设和管理，口岸及互市点经营、专业市场运营、酒店投资运营和管理、跨境劳务、国际物流、公铁联运等。目前主要运营和管理凭祥市边境贸易货物监管中心以及油隘、叫隘、平而的互市点，集团旗下东盟国际线上商城一级、二级平台、凭祥交易结算系统、凭祥公共服务平台、慧眼智控系统及水果拍卖系统等平台持续产生特定数据资源[①]。

2. 数据资产入表需求分析

《"数据要素×"三年行动计划（2024—2026年）》明确推动商贸流通行业发挥数据要素的乘数效应，释放数据要素价值，鼓励现代流通企业、数字贸易龙头企业推进国际化。广西已出台《广西壮族自治区数据资产全过程管理试点实施方案》，围绕台账编制、登记、授权运营等环节探索"广西模式"，政策构成了地方国企数据资产入表的制度基础。行业方面，跨境商贸流通特色数据资源富矿需有效挖掘，企业核心诉求体现在要在数

---

① 资料来源：数据宝公司提供材料。

据要素激活方面实现破题，高效合规打造商贸流通企业数据资产入表标杆案例，加大企业对全域数据的价值挖掘和探索，进一步深化数字化转型，加快形成新质生产力。

3. 数据宝主要做法

(1) 破解权属难题确保数据合规安全

一是破解跨境权属难题。跨境贸易涉及海关，数据权属确认困难，跨境贸易确权难度大，对此数据宝以东盟国际边民互市贸易商城为突破口，通过穿透式法律审查确认数据权属。二是建立多级数据安全防护体系。针对海关、边检等敏感数据，采用"数据不出域、可用不可见"的标准隐私计算方案，确保数据使用合规性与安全性双重达标。

(2) 创新探索跨境数据资产入表路径

一是分阶段实施"轻量化入表—场景化扩展"策略。首期聚焦水果交易平台数据，通过"九步法"标准化流程完成数据资产入表，形成可复制的轻量化实施模板。二期打通海关数据授权通道后，计划开发跨境商品溯源、关税预测等6类数据产品，推动进一步做大数据资产规模。二是建立动态价值评估模型。采用成本法与场景收益法复合估值，核算数据治理投入，测算供应链优化场景年收益，形成公允估值体系支撑数据资产价值。

4. 项目成效与案例启示

(1) 项目成效

目前该公司数据资产化一期项目已完成300万元数据资产评估金额，成为广西壮族自治区首单外贸数据资产入表案例。推动成立凭祥市数据资产入表服务中心，形成"数据资产入表—产品开发—资本运作"全链条服务能力，为广西凭祥市国际贸易开发集团有限公司抢占数据知识产权管理和服务标准高地，进一步拓展业务领域夯实基础。

(2) 案例启示

为沿边数据要素市场化提供可复制范式。验证在多平台复杂数据关系中采用"轻量化确权—授权迭代"的分级实施路径可行性，为多平台权属复杂的企业提供示范，为沿边地区探索"数据+外贸"创新模式提供操作启示。该案例也对西部陆海新通道外贸数据入表是有益启发。

（四）交通数据资产化实践案例

交通企业数据资产化有利于提升运输效率、减少拥堵、降低能源消耗与改善服务质量。通过案例剖析，展现交通领域公共数据的价值释放过程，分析利用前沿技术解决数据确权与合规问题，对行业其他企业如何划清公益性数据商业化应用边界、探索模式创新，具有实践借鉴价值。

1. 江苏盐城大丰区交通控股集团有限公司和云南楚雄州数产投企业简介

江苏盐城大丰区交通控股集团有限公司成立于2012年3月6日，注册资本10亿元。作为国有独资企业，主要承担水利工程、城乡水务、交通基础设施的投资建设与运营，并涉足公共交通、贸易、土地开发等业务。旗下子公司包括公共交通公司（负责全区公交运营）、铁路投资公司、交投公司（负责交通基建）。云南楚雄州数字经济产业投资有限责任公司（以下简称"楚雄州数产投"）成立于2019年6月，是隶属于楚雄州城投公司的国有独资企业，注册资本1500万元。作为全州新基建项目实施主体，公司重点推进全域静态交通一张网建设，在智慧停车领域，已实现6县市及彝人古镇共4.45万个泊位联网运营，会员数超55万人，采用"高位视频+巡检车+AI无感支付"技术方案，创新实现无人值守、违停抓拍、电子发票等智能化功能。

2. 数据资产入表需求分析

政策层面，《交通强国建设纲要》明确支持交通公共数据运营创新，地方条例探索政务与企业数据融合机制，推动数据确权与质押融资制度突破，激活公共数据要素潜能，推动公益性数据从资源管理向市场化运营转型。行业面临数据价值沉睡与资源闲置难题，区县层级公交客流、车辆定位等数据仅用于基础调度，停车场周转效率不高，充电桩过载损耗等问题缺乏数据化解决方案。交通基础数据难以满足金融授信合规要求。企业层面，公益性国企亟须通过数据资产化破解经营困境：江苏盐城大丰交控集团希望通过公交数据资产化优化资产负债结构；云南楚雄数产投公司希望通过智慧停车数据入表获取资金支持，提升新基建项目竞争力。

3. 数据宝主要做法

（1）构建多维度数据产品组合，精准供需匹配释放数据价值

一是针对盐城公交数据的场景化开发。基于公交车载 GPS、支付终端等数据，通过客流动态监测及出行偏好分析，打造了"客流量热力图"与"出行画像报告"两类核心产品。前者实时反映线路高峰期拥堵指数，服务于地图导航路况更新及商业地产商选址评估；后者通过用户出行频次、消费时段等标签，为线路优化及商圈促销提供决策支撑。二是深化楚雄智慧停车数据的多元应用。整合停车场进出记录、车位周转率等信息，构建"车位预测模型"，输出短时车流趋势分析与空闲车位预判结果，既服务于市政部门规划新建停车场选址及潮汐车道设置，又赋能车主端 App 推出"实时车位查询""错峰停车优惠"等增值功能，形成 B 端与 C 端协同的价值闭环。

（2）融合前沿技术，破解交通数据确权与合规难点

数据宝通过前沿技术融合，破解交通数据确权与合规难点，

推动资产化进程高效落地。一是区块链存证体系解决隐私争议。在盐城项目中，采用"分布式账本+智能合约"技术，将原始数据经摘要处理后上链存证，构建不可篡改的权属凭证链，同步与华东江苏大数据交易中心（以下简称"华东数交"）登记系统对接，确保数据流转全程可追溯。例如，公交支付数据脱敏后生成的用户标签，通过链上授权机制限定仅能用于加密统计场景，平衡数据开放与隐私保护。二是 AI 脱敏加速合规入表。针对楚雄停车数据中的车牌、用户身份等敏感信息，部署自然语言处理与深度学习模型，自动识别敏感字段并替换为泛化特征（如时段聚合为"早高峰"），同时保留"车辆滞留时长""充电桩使用率"等高价值指标，保障数据合规可用，使资产合规评估周期缩短。

（3）全链路服务闭环，建立覆盖各环节的标准化体系

通过"资源—场景—资产"全流程服务，建立覆盖交通数据资产化各环节的标准化体系。一是资源盘活与治理标准化。数据宝依托直连 50 余个部委厅局的数据融合能力，打通公交、停车系统与企业内部管理系统接口，建立统一元数据目录，例如将盐城分散存储的公交 GPS、票务数据按照时间、空间维度对齐清洗，形成结构化数据集。二是场景设计与供需对接专业化。基于全国 300 余个已落地场景经验，为楚雄停车场匹配市政规划、商业保险等需求，设计动态计价模型与事故风险预测报告，提升数据变现溢价空间。三是资产登记与融资体系化。联动律师事务所、会计师事务所等生态伙伴，建立从数据资产评估、知识产权登记到质押融资的一站式通道，协助盐城项目快速获得华东数交认证，对接金融机构完成全国首个公交数据知识产权质押案例。

4. 项目成效与案例启示

（1）项目成效①

江苏盐城大丰区交通控股集团有限公司的公交数据资产评

---

① 本部分内容数据主要由数据宝公司提供。

估值达到 1600 万元，在 45 天内高效完成了数据资产入表工作。楚雄智慧停车数据实现了数据资产入表金额 194.68 万元，数据资产评估值 1020 万元，并通过数据资产获得银行专项授信，缓解了传统抵押不足的融资困境。两家企业通过数据资产化推动了数据收益反哺主业，盐城将水务管道监测数据商业化收益用于公交线路优化；楚雄以停车数据衍生充电桩运维服务，增加运营收入，形成了"数据增值—业务提质"的正向循环。

（2）案例启示

案例为公益性数据商业化提供了有益探索。首先，项目验证了政府部门指导下的"运营式创新"模式，使公共数据合规入市成为可能。其次，楚雄智慧停车数据通过"三真"准入机制确保城市公共数据在安全前提下赋能商业场景，为化解数据敏感性与经济性矛盾提供了实践经验。此外，两地均依托数据资产入表，推动公共数据收益反哺交通基建、公交运营等民生领域，形成闭环管理机制，二企业的探索不仅有助于提升交通基础设施的运营效率和服务质量，也为完善公益性数据流通政策提供了有价值的参考。

（五）金融数据资产化实践案例

数据资产化进程在金融领域已逐步从理论探索走向实际应用，成为推动金融机构数字化转型、提升数据要素价值的重要抓手。通过湖南财鑫投资控股集团有限公司的数据资产入表案例，为行业提供可复制的操作路径，有利于金融行业加快推进数据资产确权、定价，进一步实现金融数据价值化。

1. 湖南财鑫企业简介

湖南财鑫投资控股集团有限公司（以下简称"湖南财鑫"或者"集团"），是 2020 年组建的国有全资企业。注册资本 70

亿元，资产规模突破160亿元，资信等级为AA+，银行金融机构授信总额突破450亿元。旗下拥有20多家全资或控股子公司，主营业务分为金融服务、产业投资、资产运营三大板块，拥有担保、小贷、典当、数字科技、供应链金融、产业投资、股权投资、资产管理、园区及项目建设、茶叶、酒店宾馆、港口物流等众多服务平台和经营实体。2024年，集团投资板块在"中国地市级政府引导基金30强""最佳国资投资机构100强""国资市场化母基金最佳回报TOP20"等榜单上位居前列，旗下财鑫融资担保有限公司被评为AAA资信等级，是全国地州市首家被评为AAA信用等级的担保公司。

2. 数据资产入表需求分析

国家"数据要素×"行动深化金融与产业链数据耦合，湖南省将数据要素市场建设纳入数字经济重点工程，鼓励探索"数据评估—合规入表—融资授信"全链条模式，为金融机构提供可复制路径。地方金融机构面临多源数据整合能力薄弱的困境，多数机构缺乏将数据转化为可交易资产的能力，亟须通过标准化确权、场景化开发与生态协同，破解数据要素流通壁垒，为数字经济与实体经济深度融合注入新动能。企业核心诉求主要体现在通过数据资产入表实现价值显性化，降低资产负债率并提升风险识别能力；以数据资产质押融资降低资金成本，破解担保业务收益下滑压力；构建"资源化—资产化—资本化"闭环，加速数字化转型，提升业务响应效率。

3. 数据宝主要做法

（1）数据资源体系化治理

按照数据资产入表"九步法"及"1+3+1"全链路解决方案，为湖南财鑫构建了数据治理基础框架。一是开展数据资源全面盘点，通过系统化梳理企业业务场景中的数据要素，明确涵盖金融风控、供应链管理等核心业务的数据类型、来源及分布特征，形成结构化数据资源目录。二是实施数据质量多维评估，从规范性、完整性、准确性等六大维度建立评价体系，完成数据质量缺陷诊断与优化建议输出，为资产化奠定质量基础。三是构建数据安全管理体系，建立分类分级标准，通过脱敏加密等技术手段实现全流程安全管控。

（2）数据资产全链路开发

根据"1+3+1"解决方案中的三大核心环节，实现数据要素价值转化。一是数据产品精准设计，结合集团金融业务场景需求，开发企业信用评估模型、产业链图谱等数据产品，形成可量化的服务能力。二是数据资产合规登记，依据《数据资产评估指导意见》完成权属确认、质量认证等法定程序，在湖南省数据交易平台完成资产登记确权。三是数据价值科学评估，采用成本法与收益法相结合的复合评估模型，既核算数据采集、清洗等历史成本，又测算金融场景应用带来的预期收益，形成公允估值报告。

（3）数据价值持续化运营

践行数据"雪球理论"，构建长效运营机制。一是数据资产入表实施，按照《企业数据资源会计处理暂行规定》，在15个工作日内完成无形资产确认，实现财务报表价值显性化。二是数据生态体系构建，通过对接金融机构、产业平台等多元主体，打造"数据+金融+产业"的协同应用场景。三是动态运营机制建设，建立数据质量持续监测、价值定期重估、应用场景迭代优化的闭环管理体系，推动数据资产持续增值。

4. 项目成效与案例启示

（1）项目成效

据了解，通过数据资产入表，湖南财鑫在数据资产入表金额的基础上，进一步得到银行1200万元融资授信，完成数据资产融资授信闭环，实现了企业数据的资产化和资本化，企业数据资源价值得到充分体现。湖南财鑫成为湖南首个数据资产入表企业，得到了湖南省财政厅、湖南省数据局等监管单位的肯定和认可，极大提升了湖南财鑫在数据资产化方面的企业品牌形象。

（2）案例启示

案例资产入表项目为金融行业数据资产化提供了示范和引领。案例项目的成功实践在金融数据场景挖掘、价值评估、合规入表、融资授信等方面贡献了湖南模式，为湖南省乃至全国的金融机构如何高效利用数据资产赋能金融场景，提供了可借鉴的经验和范例，有利于推动金融行业数据资产化在全国范围内的推广和应用，进一步加快金融行业的数字化转型进程。

（六）文旅数据资产化实践案例

推动文旅企业数据资产化有利于实现企业个性化服务与精准营销，促进产业的创新与可持续发展。万峰林项目以合规确权为基础，通过多场景数据产品开发与产融结合模式，企业实现数据资产价值释放。案例对进一步推广"山地旅游+数据资产"模式，加快文旅数据要素市场化进程提供了有价值的参考。

1. 贵州万峰林企业简介

贵州兴义市万峰林旅游集团有限公司（以下简称"贵州万峰林"）成立于2004年，是黔西南州重点国有文旅企业，总资产超120亿元。集团以打造"国际山地旅游目的地"为目标，核心运营国家5A级旅游景区万峰林（世界锥状喀斯特地貌代表），并涵盖酒店、交通、文创等全产业链。2023年完成全国首批、贵州首例文旅数据资产入表，推动数字化升级。旗下拥有马岭河峡谷、万峰湖等优质资源，年接待游客超300万人次，是贵州文旅产业标杆企业之一。

2. 数据资产入表需求分析

政策层面，贵州率先落地文旅数据知识产权试点，明确公共数据确权流通路径，文旅场景成为贵州数据要素市场化改革前沿阵地。行业上，文旅数据要素价值化还存在一些痛点。行业面临景区、OTA平台、商户系统存在数据壁垒，景区掌握游客动线但缺失消费数据，支付机构有交易记录却无位置信息，离散化数据难以形成商业闭环。企业发挥数据价值诉求主要体现在通过数据知识产权改善财务结构，扩大品牌影响力，构建智慧决策中枢破解高峰期服务滞后等管理盲区，孵化"数据+"复合商业模式，联动金融机构开发旅游金融数据服务，赋能商户信用贷款与游客定制优惠，延伸产业链收益。

3. 数据宝主要做法

（1）数据确权与合规管理体系建设

确保数据的合法性和安全性是数据资产化过程中的首要任务。一是构建多维确权体系，对景区游客行为、商户订单等核心数据分类确权，形成综合权属凭证。二是搭建区块链存证网络，实施分布式存储与智能合约技术，保障敏感数据可溯源，并对接省级监管节点，平衡国资合规要求与企业隐私保护需求。三是完善合规审查机制，按照"合规前置"原则，联合第三方机构开展数据来源合法性验证与应用边界审查，生成法律意见书。

（2）全场景数据产品开发

紧密结合实际应用场景设计数据产品，以实现价值最大化。一是构建标准化数据组件库，整合游客行为、支付、气象等多源数据，形成基础模块，如景区承载力预警模型，直接赋能文旅决策系统。二是设计垂直场景解决方案，针对精准营销需求推出"游客偏好分析数据集"等即插即用产品，支撑门票套餐智能推荐和商户服务优化。三是建立动态迭代机制，通过自研数据积木平台实现供需精准匹配，例如根据节假日客流变化升级预测算法，提升酒店入住率预测精度。

（3）资本化闭环生态构建

打通数据资产增值关键路径，形成完整的资本化闭环，提升企业融资能力和市场竞争力。一是创新评估模型，针对文旅数据特性设计收益法框架，量化数据在客群分析、产品定价等场景的边际收益，并引入季节性波动因子提升评估公允性。二是设计组合融资模式，联动金融机构推出"质押+收益权担保"方案，将数据资产入表价值、知识产权证书及场景收益纳入授信维度，推动万峰林集团获得银行授信。三是闭环风险管理，按照数字资产九步法"数据全周期管控"要求，对质押资产实施动态监测，若客流预测模型准确率偏离阈值，自动触发模型迭代与价值重估，保障企业再融资能力。

4. 项目成效与案例启示

（1）项目成效

贵州万峰林旅游集团数据资产评估获得贵州银行1000万元授信，形成了数据资产入表、产品开发设计、场景应用流通、资本化融资信贷的完整闭环。作为贵州文旅数据知识产权登记和数据资产入表文旅行业的两个首单证书，该项目助力景区评定为国家5A级旅游景区，并通过数据入表解决了景区商户的资金需求。依托游客行为数据分析优化服务动线，推动二次消费转化效率显著提升，沉淀的商户生态数据为研学课程开发、非遗文创联名等新业务提供了决策支撑，延伸了产业链条。

（2）案例启示

案例验证了公共与商业数据融合开发的可行性，为贵州省制定公共数据授权运营方面地方标准提供了实践范本。项目通过落地文旅行业数据资源确权、质量评估及入表全流程，展示了政企数据融合开发机制的潜力。构建"景区—商户—游客"三端数据联动机制,覆盖游客行为轨迹、商户交易流水、景区运营数据的全域数据池,为进一步打破了文旅行业数据孤岛,推动从门票经济向数据驱动的精准营销升级提供了启示。所设计的金融信贷风控产品,打通数据资产质押融资通道,为文旅企业开辟"数据经营"的新商业模式做出了有益探索。

(七) 医疗健康数据资产化实践案例

推动医疗健康企业数据资产化有利于改善公众健康水平和医疗效率,促进医疗健康产业可持续发展。案例通过清洗脱敏、合规确权、资源入表、产品开发等环节,提供"登记—评估—应用"数据入表流程,实现医疗研发数据从原始数据到数据资本的转化,对加快中医药行业数字化转型有参考价值。

1. 云南白药集团企业简介

云南白药集团股份有限公司(以下简称"云南白药集团")创制于1902年,作为中华老字号民族品牌,云南白药始终致力于推动传统中医药融入现代生活,不断为传统品牌及传统中医药产品注入新的生命力。云南白药集团产品达40个品类416个品种,已布局天然药物、中药材饮片、特色药、医疗器械、健康日化产品、保健食品等多个业务领域。云南白药集团自上市后,营业收入保持连续增长,2024年,营业收入首次突破400亿元,创历史新高。作为中医药行业龙头企业,云南白药集团积极响应国家和云南省地方政府号召,搭建了"数智云药"中药材产业平台,充分发挥云南白药作为链主企业的引领力量,整合全产业链力量,共同推进中药材产业的数字化转型与产业升级,全力驱动中药材产业迈向高质量发展新阶段。

2. 数据资产入表需求分析

一是中医药振兴战略催生医疗健康数据要素创新需求。2023 年国务院《中医药振兴发展重大工程实施方案》明确中药材全产业链数字化管理要求，2024 年国家药监局发布《中药材 GAP 检查指南》推动质量溯源。云南省出台《云南省中药材产业高质量发展三年行动工作方案（2025—2027 年）》，将数据要素列为重要抓手，政策激励企业通过数据资产化实现合规。二是中药材产业链数据禀赋突出。产业规模奠定基础，云南省中药材种植面积连续 5 年居全国首位，"数智云药"平台已归集 136 家种植企业、519 户种植户数据，交易端累计成交额 3.66 亿元，数字化基础扎实[①]，种植环境、交易流水等数据可开发质量溯源、金融风控等产品，数据场景价值潜力大。三是企业数据资产化有诉求，主要体现在破解数据标准化难题，针对 70% 种植户依赖传统经验痛点，开发种子、种植方法、加工工艺三类数据产品，通过数据资产入表实现 GAP 认证药材溢价，核心品种完成溯源产品开发。

3. 数据宝主要做法

（1）开展调研评估质量确保数据有效合规

一是开展全链条数据调研合规审查。数据宝联合律师事务所对云南白药"数智云药"平台数据进行盘点，针对种植环境、农事操作等场景出具数据合规审查报告。二是实施多维数据质量评估。对种植周期管理、交易流水等数据进行规范性校验，识别并修复数据缺陷。三是建立中药材数据分级授权机制。依托云南省委、省人民政府《关于构建更加完善的要素市场化配置体制机制的实施意见》，设计"核心数据不出域、衍生数据定

[①] 数据宝公司提供。

向流通"技术方案，实现种植端到流通端数据溯源，确保数据跨主体调用合规。

（2）设计数据产品明确产品市场价值

一是构建多源数据融合开发体系。整合种植端基地数据、交易端订单数据及加工端工艺数据，开发中药材质量溯源、种植户信用评估等数据产品。二是以"九步法"实施框架推动入表。针对云南白药业务特性，按照"数据盘点—场景匹配—确权登记—质量评估—成本归集—价值评估—会计处理—资产入表—持续运营"标准化流程，完成中药材溯源数据产品入表。三是建立场景估值模型。通过挖掘数据产品的应用场景，明确数据产品市场价值实现路径，搭建市场价值评估模型，设计合理定价方案。

（3）推动数据产品挂牌交易与运营

梳理数据交易所的数据产品挂牌流程，辅导企业完成数据挂牌，进入可交易环节，推动数据产品挂牌交易。结合市场渠道和平台对数据产品进行运营策略分析，推动数据产品可持续运营。

4. 项目成效与案例启示

（1）项目成效

通过数据资产化项目，实现数据要素价值释放。完成中药材产业数据资源体系化治理，通过41497条种植数据、57张数据表的深度关联，形成覆盖种植、加工、交易等环节的结构化数据资源目录。成功设计并开发中药材溯源数据产品、金融数据产品、保险数据4个数据产品，其中溯源数据产品已通过昆明国际数据交易所登记确权，成为云南省首个具备法律权属的中药材溯源数据资产。通过数据资产评估与金融机构对接，为后续数据质押融资奠定基础，实现数据资产入表闭环。

（2）案例启示

项目为中医药行业数字化转型提供了重要启示。项目将分散的种植、交易数据转化为标准化资产，对解决中药材产业链长期存在的质量追溯难、信用评估缺等痛点有重要借鉴价值，为中医药行业数据要素市场化提供了可复制的"登记—评估—应用"范式。联合数据交易所搭建特色数据专区，形成"公共数据授权+企业数据开发+交易所流通"的闭环，对探索构建政企协同生态体系提供了重要参考。

（八）房地产数据资产化实践案例

房地产企业数据资产化有助于提升企业竞争力，也对行业健康发展有积极影响。围绕湖北洪山科技智慧楼宇与首义智慧房管的数据资产化探索，阐述房地产行业如何通过数据驱动运营效能提升和资产价值显性化。详细分析数据宝从数据整合、安全保护到价值挖掘的具体做法，展示政企协同在数据资产化过程中所发挥的关键作用，为同类企业提供可借鉴经验。

1. 湖北洪山科技与首义企业简介

武汉洪山科技投资集团有限公司（以下简称"湖北洪山科技"）成立于 2017 年 4 月 17 日，是武汉市洪山区人民政府国有资产监督管理局 100%控股的国有独资企业，注册资本 5 亿元人民币。作为区属战略性新兴产业投融资平台，公司建设运营融创智谷 C2 栋等科创楼宇并承接武汉理工大学科技孵化楼（三期）项目；年均服务 500 余家科技企业并组建近 20 家专业领域子公司形成全产业链服务体系。武汉首义科技创新投资发展集团有限公司（以下简称"首义"）是武昌区属国有独资企业，成立于 2020 年 11 月（前身可追溯至 1949 年的武昌地政机构），注册资本 100 亿元。作为区域科技创新核心平台，公司构建了"产业投资+园区运营+数字转型"的业务体系：下设 11 家二级子公司，涵盖土地开发、工程建设、数字技术和"双碳"产业等领域；运营碳汇大厦打造碳金融集聚区；其数字产业板块开发的"首义智慧房管洞察分析"成为全国首个完成"登记—评估—融资"全流程的房管领域数据资产化案例。

2. 数据资产入表需求分析

房地产行业数据资产化有利于破解粗放运营困局，实现从空间租赁向数据增值服务的商业模式跃迁。国家城镇老旧小区改造与产城融合战略要求提升建筑运营效能，中华人民共和国住房和城乡建设部绿色建筑能效补贴政策倒逼精细化管理转型，《数据资产评估指导意见》为楼宇能耗、设备运行数据确权提供合法化路径。行业存在商业楼宇依赖人工台账管理设备巡检、车位调度等场景，精细化运营工具缺失导致闲置空间利用率低、车位周转不足、大量传感器数据未形成结构化资产等问题。企业核心诉求主要体现在通过整合智慧楼宇用水、用电、停车等数据提升运营效率，借助数据入表实现资产价值显性化，为财务报表优化与资本运作奠定基础，开发能耗分析工具、消防安全预警模型等可交易产品，探索物业经营与绿色低碳新收益，构建政企数据融合生态，推动招商精准化与空置率下降。

3. 数据宝主要做法

（1）创新数据保护技术确保数据安全流通

创新数据保护技术，既要数据"活起来赚钱"，又得让数据"锁得牢不出事"，一是使用 AI 自动打码技术处理敏感信息，确保原始数据的安全性，使其无法流出本地系统。二是通过区块链追踪技术，每次数据被调用都会留下"指纹"，银行仅能看到评估结果而接触不到具体个人信息。三是联合保险公司推出了"数据健康监测仪"，一旦发现异常操作立即报警并断网，若出现问题保险公司会进行赔偿。

（2）发挥自身优势挖掘闲置数据新价值

一是跨层级的数据融合。数据宝充分利用自身熟悉多领域数据的优势，把房屋空置率和省级交通数据结合，生成"房屋投资价值热力图"报告。市场上有购买方愿意，盘活闲置数据实现数据新价值。二是保险+银行的组合拳释放数据价值。数据宝采用区块链追踪技术，使得银行只能看到分析结果但拿不到原始数据，加上引入保险兜底，开出了全国首张"数据意外险"，打消银行对个人数据泄露背锅顾虑，银行凭纯数据向首义放款 500 万元。让区县闲置数据真正变成了"活资产"。

（3）推动构建政府技术方和金融机构组成"铁三角"生态体系

在项目实施过程中，界定各方角色，打造安全可信数据入表生态体系。一是律师事务所负责认证数据的合法性与清洁度，为数据资产化提供法律保障。二是作为技术方利用隐私计算等技术保障数据使用的安全性，确保数据在流通过程中不被滥用。三是引进保险作为风险兜底的角色，覆盖全流程风险，增强金融机构信心。

4. 项目成效与案例启示

（1）项目成效

湖北洪山科技智慧楼宇与首义智慧房管项目的数据资产评估价值显著，洪山科投数据入表资产评估价值达 1000 万元，并获得授信 500 万元；首义智慧房管数据获得兴业银行武昌支行授信额度 500 万元。通过数据资产化实现了优化资源配置和提升运营效率，如利用空置房源热力分析、企业画像匹配等数据工具，实现招商资源精准投放，推动重点楼宇空置率显著下降。创新增值服务创造了额外收益，基于租户用电行为开发能源托管服务包，带动优质楼宇租金溢价率稳步提升。

（2）案例启示

房地产数据资产化的探索为城市智慧化改造及绿色建筑补

贴机制提供了新的路径。案例展示了如何通过整合楼宇能耗、停车、安防等多维度数据，推动数据资产化以提升楼宇运营效率和服务质量，验证了"政策扶持+价值变现"的双向激励模式。构建开放协同的技术服务平台和细分领域专业化能力的提升有助于吸引生态伙伴参与产品开发与场景共建，加速数字化解决方案的市场验证。建立全链路服务闭环保障了资产化落地效率，形成了标准化数据治理工具包和成熟的数据产品开发范式，有利于其他城市复制应用，推动中小物管企业的数据能力培训，进一步输出更多知识资产，促进整个行业数字化转型与发展。

七 人工智能赋能场景强化"数据要素×"效应

习近平总书记指出,"谁能把握大数据、人工智能等新经济发展机遇,谁就把准了时代脉搏"。① 作为新一轮科技革命和产业变革的核心引擎,人工智能正以惊人的速度进化与普及。其发展的核心在于模型的持续迭代与场景的深度融合——从最初的通用能力,逐步精细化至服务特定行业、特定企业乃至特定业务场景的定制化与智能化。这一过程深刻重塑了数据要素的组织范式、流转模式和价值创造路径。可以说,人工智能模型的演进及其与各行各业应用场景的深度耦合,正是驱动数据要素价值实现指数级增长、强化"数据要素×"效应的核心逻辑。

人工智能与场景的融合并非简单的技术叠加,而是一个双向塑造、持续优化的动态过程。场景的复杂性与多样性为 AI 模型的进化提供了不竭的需求牵引与数据滋养;而不断智能化的 AI 模型则为破解场景难题、提升业务效能、催生新型应用提供了前所未有的强大工具。这种协同进化加速了数据要素从"原始记录"向"战略资产"乃至"核心生产力"的根本性跃迁,为数字经济高质量发展注入了磅礴动力。

---

① 习近平:《构建高质量伙伴关系 开启金砖合作新征程》,《人民日报》2022 年 6 月 24 日。

（一）人工智能模型演进：从通用走向业务的场景赋能逻辑

人工智能模型的演进是人工智能技术发展的核心脉络，也是其赋能千行百业、驱动场景创新的关键所在。这一演进大致经历了从通用模型到行业模型，再到企业模型，最终落地为服务特定业务场景的业务模型的阶段。每个阶段的模型都具备不同的特征和能力，并以前一阶段为基础，在更深层次上与场景结合，实现更精准、更高效的数据价值释放。

1. 通用模型：奠定广泛适用的技术基石

通用模型（General-Purpose Models），通常指那些基于海量、多样化数据进行预训练，具备跨领域、跨任务基础感知、理解、生成或决策能力的模型。例如，早期的机器学习算法（如支持向量机SVM）以及近年来涌现的大规模预训练模型（如BERT、GPT系列大语言模型、多模态基础模型）。通用模型，顾名思义，通用性强，能够处理多种类型的数据（文本、图像、语音等），执行多种基础任务（分类、回归、聚类、文本生成、图像识别等）。它们是人工智能领域的"基础设施"。正由于此，通用模型为数据全生命周期管理中的基础环节提供了通用技术支持。

在数据采集与预处理阶段，通用模型（如SVM、聚类算法）可以用于数据清洗、异常值检测、数据格式转换等基础任务。例如，商业银行利用聚类算法识别交易数据中的异常模式，进行初步的风险筛选。在数据标注环节，通用生成模型（如GAN）可以生成合成数据扩充训练集，降低人工标注成本，实现"数据杂质过滤"到"价值初筛"

的转变。① 在基础分析层面，通用模型可以进行文本情感分析（如早期 NLP 模型）、图像内容识别（如通用 CNN 模型）。但与此同时，通用模型的"泛而不精"特性决定了其在特定复杂场景下可能精度不足、效率不高，难以捕捉行业或企业的特有规律和深层需求。它们提供了基础能力，但距离解决具体的业务问题还有差距。

2. 行业模型：聚焦垂直领域的优化适配

行业模型（Industry-Specific Models）是在通用模型的基础上，利用特定行业的海量数据进行微调、训练和优化，使其能够更好地理解和处理该行业的特有数据、术语、流程和问题。因此，行业模型可针对特定行业（如医疗、金融、制造、零售、法律等）进行深度优化，对行业知识具有更强的理解能力，在执行行业相关任务时表现更优。

行业模型推动人工智能与垂直行业场景实现更深度的结合，释放行业数据的特有价值。具体来看，在智能医疗领域，基于医学影像数据训练的 CNN 模型用于疾病早期筛查；基于电子病历和医学文献训练的 NLP 模型辅助医生进行诊断和文献检索。在智能金融领域，基于金融交易和市场数据训练的模型用于风险评估、信用评分、欺诈检测（如利用 SVM 算法识别金融欺诈）。在智能制造领域，基于工业物联网数据训练的模型用于设备预测性维护、生产质量控制、能耗优化。在智能零售领域，基于用户行为和销售数据训练的模型用于商品推荐、销售预测、库存管理②。

---

① Wljslmz：《AI 人工智能预处理数据的方法和技术有哪些?》，阿里云开发者社区，2024 年 4 月 12 日，https://developer.aliyun.com/article/1480183.

② Huang Z., "Dynamic Modeling and Prediction of Product Sales Trends Based on Long Short-Term Memory Algorithm", *Proceedings of the 2024 International Conference on Machine Intelligence and Digital Applications*, New York, USA：Association for Computing Machinery，2024.

数据宝在这一层面展现了其核心竞争力,推出的轻量级垂直行业模型,正是基于数据宝已完成的行业数据资产化成果,通过知识蒸馏等技术从通用模型中提取能力,并叠加海量的行业特征数据进行强化训练。这使得数据宝的模型在参数量大幅压缩的情况下,仍能保证行业场景的准确识别和高适配性,有效解决了通用模型在垂直领域应用中的核心痛点,为行业用户提供了专业化智能服务,极大地促进了数据要素在特定产业内的价值释放。

行业模型能够更精准地捕捉行业规律,解决行业共性问题,提升行业整体效率和竞争力。它们使数据要素的价值在特定产业内得到充分释放。

3. 企业模型:定制化满足组织内部需求

企业模型(Enterprise-Specific Models)是在行业模型或通用模型基础上,针对特定企业自身的业务流程、组织架构、IT系统和独有数据进行高度定制化训练和部署的模型。企业模型深度集成企业内部异构数据(如ERP、CRM、SCM数据),紧密耦合企业特定的业务逻辑和管理目标,通常采用私有化或混合云部署,强调数据安全和内部协同。

企业模型直接服务于企业的运营、管理和决策场景,是驱动企业智能化升级的核心。例如,智能运营。企业模型可以实现对整合销售、库存、供应链数据,优化生产计划、库存周转、物流配送、人力资源(人才招聘与流失预测)、财务管理(费用异常检测)、风险控制(内部欺诈监测)等企业日常运行的智能化管理。基于企业客户数据(交易记录、互动行为、客服记录等),企业模型可构建客户画像(如通过知识图谱构建客户360°视图)、预测购买意向、进行个性化推荐和精准营销。此外,企业模型结合企业内部数据和外部信息,为高层管理提供数据驱动的决策支持,实现从"数据描述"到"因果推理"。

数据宝的企业私域业务模型一体机,便是基于其成熟的数据资产化服务体系，针对企业业务拓展、人才培育、员工管理、对外营销等全场景需求构建的私有化部署智能引擎。该模型依托企业已完成入表的数据资产，通过定制化训练，实现业务决策效率与数据资产价值的双重提升。模型设计强调"内生数据+外源信息+战略输入"的三层融合数据驱动机制，能够以天为单位持续优化决策逻辑，紧密贴合企业动态发展。企业模型通过优化内部流程、提升决策质量、增强市场响应能力，将数据要素价值转化为企业的核心竞争力。

企业模型将数据要素价值转化为企业的核心竞争力，通过优化内部流程、提升决策质量、增强市场响应能力，实现降本增效和业务创新。它们是数据要素在微观组织层面价值释放的集中体现。

4. 业务模型：场景化驱动精准落地

业务模型（Business-Scenario Specific Models）是针对特定、具体的业务场景（如智慧城市的交通信号灯优化、医院的特定疾病诊断辅助、电商平台的某一类商品推荐算法）而设计和训练的模型。它们可能是企业模型的组成部分，也可能独立存在，但都高度聚焦于解决某个细分的、实际的业务问题。业务模型具备强烈的场景导向性，模型结构和数据使用都围绕特定业务场景的需求进行优化，追求在该场景下的极致性能和效果。

业务模型是人工智能赋能场景、实现价值转化的"最后一公里"，直接驱动业务流程的智能化和效率提升。例如，在智慧城市系统中，相应的业务模型基于交通流数据、安防监控数据、环境监测数据构建的业务模型，用于智能交通信号控制、突发事件预警、公共设施维护调度[①]。在智慧医疗领域，相应的业务

[①] 张新长等：《新型智慧城市建设与展望：基于 AI 的大数据、大模型与大算力》，《地球信息科学学报》2024 年第 4 期。

模型可针对肺结节检测训练的计算机视觉模型，针对某种疾病的个性化治疗方案推荐模型。在工业互联网领域，业务模型可针对某一型号设备、某一生产环节的故障预测或质量检测模型。在金融风控领域，针对某一类贷款申请人的信用风险评估模型，针对某种交易行为的欺诈识别模型。

值得一提的是，数据宝在此领域的实践，如为打破二手车市场信息不透明现状推出的二手车平台大数据应用方案，实现从用户身份核验、车辆信息录入、车辆配置查验、二手车金融风控等多业务的一站式服务。这不仅展示了可信人工智能在特定场景的应用，更体现了数据要素价值在微观业务层面最直接、最具体的转化，从而大幅提升了业务效率和用户体验，强化了"数据要素×"的乘数效应。

业务模型将数据价值转化为具体的业务成果，如提升了交通效率、改善了医疗诊断准确率、降低了工业生产损耗、控制了金融风险等。它们是数据要素价值在微观业务层面最直接、最具体的体现。

人工智能模型的演进过程，本质上是人工智能从提供通用能力，逐步深入到理解并解决行业、企业乃至具体业务场景特有问题的过程。这一过程伴随着对数据需求的不断深化（从海量通用数据到稀缺、高价值的行业/企业/场景数据），对模型专业化程度要求的不断提高，以及与实际业务流程集成度的不断加深。正是在这一演进逻辑下，人工智能得以与多样化的场景实现深度融合，从而以前所未有的方式激活和放大"数据要素×"效应。

（二）人工智能驱动下"数据要素×"场景体系的深化机理

数据要素的价值并非与生俱来，而是高度依赖于其所处的应用情境和被利用的方式，呈现出显著的"场景依赖性"特征①。人工智能模型的演进与场景的深度融合，正是打破数据与场景壁垒，实现数据价值从"记录过去"向"塑造未来"转变的关键。人工智能作为核心"激活器"，通过不同层级模型的应用，推动数据要素在多样化场景体系中实现价值的指数级放大与跨领域渗透，构建了"数据采集—场景建模—价值转化"的闭环赋能体系，驱动"数据要素×"效应不断深化。

1. 人工智能驱动数据全生命周期管理的理论架构

人工智能与大数据融合驱动数据全生命周期管理，呈现出数据驱动智能、智能增强分析、反馈闭环优化、知识表示推理及可信人工智能构建等核心趋势，旨在实现数据全生命周期管理的智能化升级，有效提升企业数据治理能力与核心竞争力。

（1）数据驱动的智能赋能机制

大数据为人工智能模型训练提供了丰富的"原材料"，其海量（Volume）、多样（Variety）、高速（Velocity）的"3V"特征，使人工智能能够学习复杂的数据模式与规律。在数据采集与预处理阶段，以支持向量机（SVM）为代表的机器学习算法，能够从金融交易流水、医疗影像、用户行为日志等多源数据中精准识别异常值、填充缺失值。例如，商业银行应用SVM算法对海量交易数据进行清洗，有效识别出欺诈交易模式，显著降低了交易风险。②这种数据驱动范式贯穿数据标注、分析建模等全流程，是人工智能发挥效能的基础。在数据标注环节，生成对抗网络（GAN）等生成式人工智能技术正日益被用于扩充训练数据集，如自动驾驶领域通过GAN生成极端天气下的道路图

---

① 李海舰、赵丽：《数据价值理论研究》，《财贸经济》2023年第6期。

② 李震国、端利涛、吕本富：《智能化系统建设中的实用伦理规则设计原则》，《中国行政管理》2022年第6期。

像，提升模型在复杂场景下的识别能力，这标志着数据增强已成为常态化的训练手段。

（2）智能增强的数据分析范式

面对传统统计方法难以处理的高维非结构化数据，人工智能技术凭借机器学习与深度学习算法实现分析能力突破。在自然语言处理（NLP）领域，Transformer模型能够深度解析用户评论的情感倾向与语义内涵，帮助企业精准识别产品痛点。电商平台应用NLP技术对用户评论进行分析，提取出产品功能、服务体验等维度的关键信息，为产品迭代与服务优化提供了有力支撑。[①] 计算机视觉技术通过卷积神经网络（CNN），可高效提取图像特征，正被广泛应用于工业缺陷检测、安防监控等场景。此外，智能增强不仅提升数据处理效率，还能挖掘传统方法难以发现的隐藏关联。例如，通过关联规则算法分析零售数据，发现"啤酒与尿布"的关联销售模式，为精准营销提供决策依据。

（3）反馈闭环与持续优化体系

人工智能模型的发展史，本质上是一部"数据需求进化史"。[②] 人工智能模型在数据生命周期中形成"数据输入—模型输出—反馈优化"的闭环机制（见图7-1）。以主数据管理（MDM）为例，首先整合ERP、CRM、SCM等多源异构数据明确数据输入，然后通过智能算法进行信息挖掘、结果预测与决策判断实现模型输出，并将最优策略转化为具体行动指令；接着以关键绩效指标评价执行效果，最后基于奖励函数将评估结果反馈至训练数据，不断迭代优化算法，提高决策效率与系统

---

① 侯英琦等：《基于AIGC+NLP的电子商务系统——内容生成与智能交互的应用研究》，《上海第二工业大学学报》2024年第3期。

② 上海交通大学安泰经济与管理学院、上海交通大学行业研究院、"人工智能+"行业研究团队：《2025"人工智能+"行业发展蓝皮书》，2025年3月。

安全性。① 在实时异常检测场景中，人工智能系统根据新捕获的攻击特征更新风险识别模型，动态提升安全防护能力，体现了实时反馈驱动智能决策的趋势。

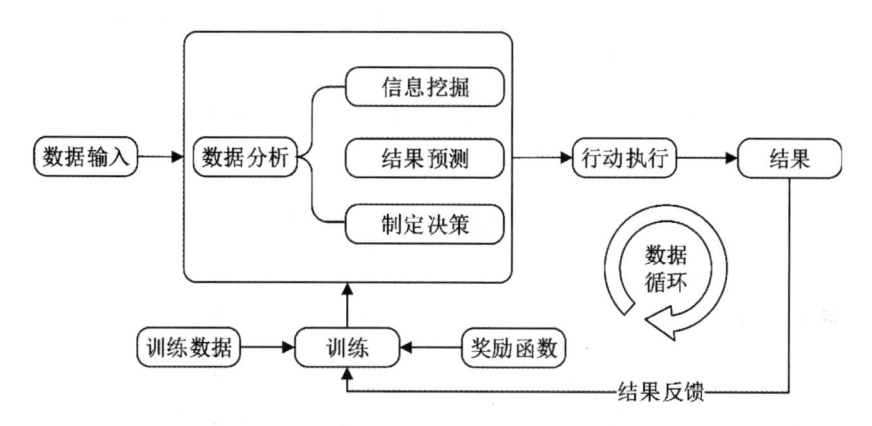

图 7-1 人工智能技术应用的通用模型

资料来源：李震国、端利涛、吕本富：《智能化系统建设中的实用伦理规则设计原则》，《中国行政管理》2022 年第 6 期。

（4）知识表示与深层推理能力

人工智能与大数据的融合不仅限于数据层面，更通过知识图谱、语义网络等技术实现从数据到知识的升华，标志着数据应用正迈向知识化、智能化阶段。在数据存储与管理阶段，人工智能将分散的客户交易数据、社交行为数据、客服记录等，通过知识图谱构建客户 360°视图，清晰呈现"客户—产品—渠道"之间的关联关系，为客户精准营销与服务提供支持。在数据分析阶段，基于逻辑推理的符号人工智能与基于统计学习的连接主义人工智能相结合，实现从"数据描述"到"因果推理"的跨越，这是人工智能能力提升的关键方向。亚马逊商城

---

① 《数据治理与主数据管理的协同效应：如何通过 MDM 提升企业数据资产价值？》，亿信华辰，2025 年 3 月 26 日，https://www.esensoft.com/industry-news/data-governance-49623.html。

通过人工智能算法对用户数据的分析，可精准推理用户的消费需求。

（5）可解释性与可信人工智能构建

随着深度学习模型复杂度不断提升，"黑箱"决策问题日益凸显。在数据安全与合规场景中，人工智能需满足《通用数据保护条例》（GDPR）、《中华人民共和国个人信息保护法》等法规对解释权的要求。为此，学界与业界发展出 LIME 局部解释①、Shapley 值归因分析②等模型可解释技术，可信人工智能的构建已成为保障数据安全与合规、赢得用户信任的重要趋势。在金融风控领域，当人工智能拒绝用户贷款申请时，通过特征重要性排序解释决策依据，既可提升用户信任度，又满足了监管合规要求，推动可信人工智能的构建与应用。例如，为打破二手车市场信息不透明稳态，数据宝推出二手车平台大数据应用方案，实现从用户身份核验、车辆信息录入、车辆配置查验、二手车金融风控等多业务的一站式服务，体现了可信人工智能在特定场景的应用实践。

在数字经济时代，数据要素价值实现呈现"场景依赖性"特征，即数据价值需通过特定应用场景的需求激活与技术赋能才能有效释放③。因此，微观上，"数据+应用场景＝价值释放"是数据价值实现的一种基本模式。人工智能的深度介入，不仅重塑了数据全生命周期管理范式，更通过与应用场景的精准耦合，构建了"数据采集—场景建模—价值转化"的闭环赋能体

---

① 靳庆文、朝乐门、张晨：《数据故事化解释中分类型预测结果的反转点识别方法研究——基于 LIME 算法》，《情报理论与实践》2024 年第 2 期。

② Lundberg S. M., Lee S. I., *A Unified Approach to Interpreting Model Predictions*, Neural Information Processing Systems, 2017.

③ 李海舰、赵丽：《数据价值理论研究》，《财贸经济》2023 年第 6 期。

系，推动数据要素从潜在资源向现实生产力的质态跃升，形成多元化的价值化路径，并驱动数据要素价值实现向更深、更广、更高效的方向发展。

2. 人工智能赋能场景驱动数据价值化的理论逻辑

数据要素作为数字经济时代的关键生产要素，其价值的充分释放是构建竞争优势的基础。数据本身的价值并非内生且自明的，而是高度依赖于其所处的情境及被利用的方式。数据要素价值化遵循"场景定义需求—技术激活价值—应用实现转化"的核心逻辑。这种逻辑超越传统数据处理范式，是一个以实际应用情境为导向的价值创造过程。传统的数据价值释放模式往往局限于简单的统计分析、报表生成或数据可视化，可视为一种基于"数据+工具"的浅层叠加。这种模式在面对日益复杂化、动态化和个性化的业务场景时，难以有效捕捉和利用数据蕴含的深层价值，无法应对场景需求的高维性和非结构性挑战。其瓶颈在于缺乏对场景背后业务逻辑和内在关联的深刻理解，导致数据分析与实际应用场景存在脱节。

人工智能的崛起为突破这一瓶颈提供了关键技术支撑。人工智能技术的核心在于其强大的感知、学习、推理和决策能力，能够实现对复杂情境和非结构化数据的深层理解和高级处理。在场景驱动的数据价值化过程中，人工智能扮演着核心"激活器"的角色，成为数据价值释放的关键驱动力。有学者指出，通过将大数据与人工智能的认知计算相结合，进行复杂的分析，组织可以在市场营销、人力资源和制造等各个领域获得实时洞察、预测分析和可行的建议，这正是人工智能驱动数据价值化的直接体现。[①] 人工智能赋能场景驱动数据价值化的核心在于打

---

① Trinh Nguyen, "Big Data and AI: How Do They Work Together?", Neurond Ai, 2024, https://www.neurond.com/blog/big-data-and-ai.

破数据与场景的壁垒，形成"场景定义数据采集维度—数据反哺场景优化"的双向赋能机制。该机制是一种动态的、以价值实现为导向的协同进化过程，它使得数据不再仅仅是记录或描述过往的载体，而是成为驱动场景智能决策和持续优化的核心要素。通过深刻理解并有效运用这一理论逻辑，组织能够系统性地提升数据要素的价值捕获能力，从而在数字经济环境中构建和维护竞争优势。

3. 人工智能驱动下"数据要素×"场景体系的演化机制

随着人工智能在各领域的深入嵌入，数据要素价值释放的场景体系不断演化，呈现出从"单点突破"向"系统耦合"、从"部门内生"向"跨域协同"的跃迁趋势。基于场景维度对"数据要素×"的系统性分析，有助于厘清人工智能如何通过不同类型场景的赋能，激发数据要素在价值链各环节中的乘数效应。Almanasra通过对105篇评议论文进行分析，整合了人工智能和大数据融合带来的各种应用场景（见图7-2），揭示了人工智能与大数据融合赋能应用场景，使医疗诊断、药物发现、个性化教育和智慧农业等方面取得了显著改进，这些场景正是人工智能驱动数据要素价值化的典型路径。[①]

（1）垂直行业场景中的纵深赋能

在垂直行业中，人工智能通过定制化的模型与算法适配具体业务流程，实现数据要素与行业知识的深度融合，显著提升了行业效率和产出价值。

①人工智能+工业互联网数据=智能制造

人工智能结合工业物联网与传感数据，构建"数字孪生车

---

① Almanasra S., "Applications of Integrating Artificial Intelligence and Big Data: A Comprehensive Analysis", *Journal of Intelligent Systems*, Vol. 33, No. 1, 2024.

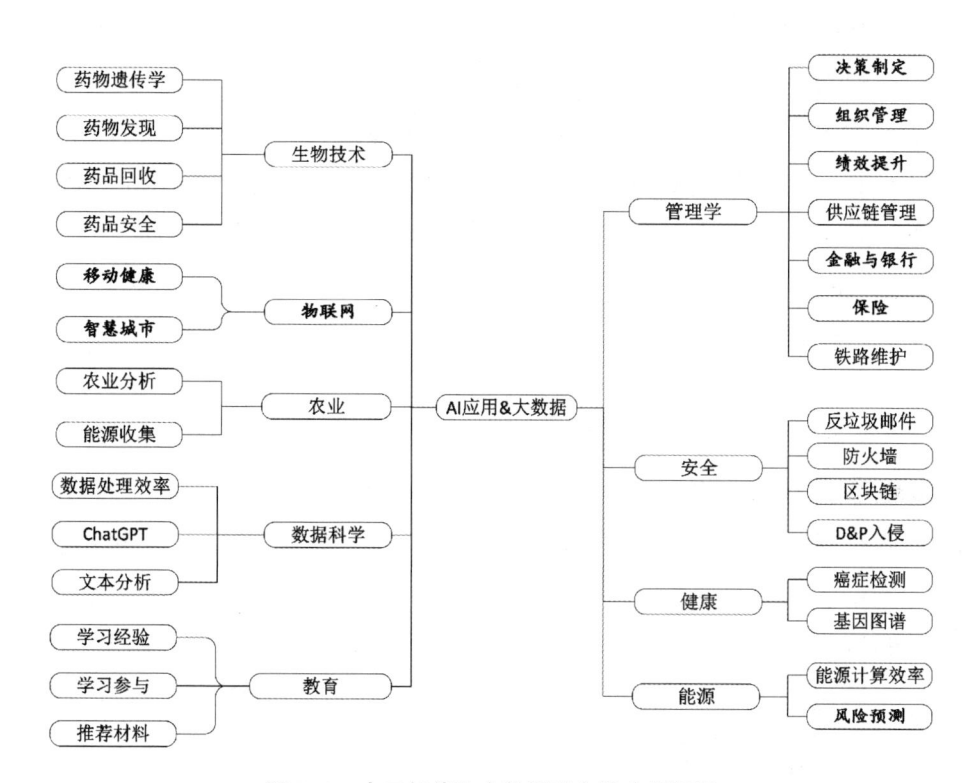

价值跃迁：数据资产化的"数据宝模式" 147

图 7-2 人工智能和大数据融合的应用场景

资料来源：Almanasra S., "Applications of Integrating Artificial Intelligence and Big Data: A Comprehensive Analysis", *Journal of Intelligent Systems*, Vol. 33, No. 1, 2024.

注：其中加黑部分为数据宝当前 AI 与大数据融合场景应用。

间"，实现设备状态预测（例如，通过分析设备振动和温度数据预测故障，减少停机时间）、产线智能调度（例如，根据订单和设备状态动态调整生产计划，提高生产效率）与质量缺陷自动识别（例如，利用计算机视觉检测产品瑕疵，降低误判率）。这推动生产系统向高效、柔性、低碳转型，直接创造了生产效率和成本控制的价值。

②人工智能+物流数据=智能供应链

人工智能分析销售数据、物流数据、库存数据及外部因素（如天气、节日），实现精准的需求预测，优化库存管理，减少积压和缺货。例如，香港综合物流平台 Freight Amigo 平台结合人工智能、大数据等先进技术，致力加快整个物流、信息及现金流的过程，为企业和个人客户提供流畅及方便快捷的物流体验，成功将以往需要3—7个工作日的流程缩短到及时完成。此外，人工智能还应用于路径优化、风险管理（预测供应链中断），提高了供应链的响应速度和韧性，创造了运营效率和风险规避的价值。

③人工智能+企业数据＝智慧管理

在数字经济纵深发展的背景下，企业核心业务的智能化升级已成为提升竞争力的关键路径。数据宝的企业私域业务模型一体机基于成熟的数据资产化服务体系，针对企业业务拓展、人才培育、员工管理、对外营销等全场景需求，构建私有化部署的轻量化智能引擎。该模型依托已完成入表的企业数据资产，通过定制化训练与动态优化机制，实现业务决策效率与数据资产价值的双重提升。为保持模型与业务发展的同步进化，该模型建立了三层数据驱动机制：基础层对接企业日常业务系统，实时吸收销售数据、人力绩效、客户反馈等结构化数据流；增强层整合行业监测数据，每日更新政策法规、市场趋势、竞品动态等外部信息；决策层通过结合管理层的战略导向转化为模型约束条件，产出最优决策。这种"内生数据+外源信息+战略输入"的融合架构，使得模型能够以天为单位持续优化决策逻辑。

（2）跨领域协同场景中的价值扩散

数据要素天然具有跨场景可迁移性，人工智能技术的中介作用放大了这一特性，实现"多源数据—多域知识—协同开发"的扩散路径，突破了传统数据孤岛的限制，释放了跨领域协同的巨大价值。在智慧城市治理中，交通、安防、环保等数据壁垒长期阻碍整体效率提升。以知识图谱与联邦学习为核心的人工智能架构，打通多部门异构数据，实现城市级事件的协同感知、响应与预判，推动治理模式由"部门治理"迈向"智能协同治理"[1]。在交通领域，人工智能分析实时交通流数据、公交运营数据、网约车数据等，优化信号灯配时、智能推荐最佳路线、预测拥堵点，提高了交通效率，减少了通勤时间，降低了碳排放，创造了社会效益和环境价值。现实中，贵州数据宝利用人工智能融合公安、运营商、金融机构、交通等部门的数据，为某车企开发了购车信息认证服务，通过精确身份认证帮助该车企节省了20%的营销成本[2]，这体现了跨部门数据融合在营销成本优化上的价值。在碳中和背景下，能源、制造、建筑等领域数据通过人工智能平台整合，形成碳排放监测与智能调度机制，实现跨行业碳资源的最优配置，创造了环境价值和社会整体效益[3]。

（3）微观组织场景中的管理重塑

人工智能对企业数据要素的赋能，正重构传统组织结构与决策逻辑，提升了组织的敏捷性和竞争力。数据驱动的智能运营体系将企业内信息流、业务流与决策流紧密耦合，推动组织形态从金字塔式向"平台化+生态型"转变。人工智能整合信息流、业务流与决策流，打破部门壁垒，促进跨职能协作。人工智能赋能数据要素，取代经验驱动决策，实现精准、高效的智能化决策。客户行为预测模型可辅助企业从"产品导向"转向"客户导向"，提升市场响应速度与竞争力，创造了市场竞争力和客户满意度的价值。例如，数据宝企业私域业务模型一体机通过利用为企业构建的数据资产化成果，结合轻量化模型压缩

---

[1] 张新长等：《新型智慧城市建设与展望：基于AI的大数据、大模型与大算力》，《地球信息科学学报》2024年第4期。

[2] 李海舰等：《数据要素市场化："数据宝"模式研究》，经济管理出版社2024年版。

[3] 潘浩之、施睿、杨天人：《人工智能在城市碳达峰、碳中和规划与治理中的应用》，《国际城市规划》2022年第6期。

技术，打造出参数规模仅近亿级的可定制智能体，使企业能够以可控成本建立自主掌控的私有化模型，同时打通"数据治理—模型训练—业务赋能"的价值转化链条。

（4）公共服务场景中的精准施策

在公共服务领域，人工智能通过数据智能辅助政府实现"精细治理"与"差异化供给"，提升了公共服务的公平性和效率。以医保服务为例，通过对病历数据、诊疗路径及费用结构的深度挖掘，人工智能可识别出高风险人群与欺诈行为，为医保基金的动态监测与精准控费提供依据，这创造了医保基金安全和高效利用的价值。在教育场景中，人工智能辅以学习行为数据与知识图谱，推动形成"因材施教"的个性化教学模型，优化资源配置，提升公共教育公平性与质量水平，创造了教育质量和公平性的价值。

（三）人工智能与大数据融合发展趋势对数据价值化的影响

人工智能与数据要素的深度融合及其在多样化场景中的广泛应用，为激活数据要素潜能、助推"数据要素×"带来了前所未有的机遇。然而，这一转型过程并非坦途，其所处的复杂技术、经济、社会和制度环境孕育着诸多严峻挑战与潜在风险。对这些挑战进行系统而深入的认知，是预判未来发展轨迹、制定有效应对策略的前提。同时，人工智能与大数据融合的自身发展和外部环境变化，也催生了若干重要的未来趋势。

1. 人工智能与大数据融合的深层挑战

人工智能与大数据融合的深层挑战体现在多个维度。在数据要素层面，核心难题在于界定复杂且多主体共生的产权、难以场景化评估和定价的价值，以及普遍存在的数据质量、异构性及互操作性障碍，这严重制约了数据供给与流通效率。技术层面，现有 AI 模型（特别是深度学习）的"黑箱"特性限制了其在高风险场景的应用，训练数据中的固有偏见易被放大导致算法不公，且存在技术被滥用（如深度伪造）引发安全与信任危机；此外，技术快速迭代也带来集成和维护难题。

在制度层面，数据要素市场的发育面临法律法规在产权保护、跨境流动及反垄断等方面的滞后与空白，交易平台和评估等中介服务体系不成熟，以及跨部门、跨行业的"数据孤岛"难以打破。应用落地方面，复合型人才的匮乏、高昂的研发与实施成本、业务流程再造的组织阻力，使得 AI 与数据的深度融合难以实现规模化复制与推广。这种融合还蕴含结构性失业、数字鸿沟加剧、数据集中形成权力不对等风险等突出的社会伦理与治理挑战，亟待系统性的宏观调控以平衡创新与公共利益。

2. 人工智能与大数据深度融合的影响

人工智能与大数据的融合正以前所未有的速度演进，对数据要素的价值化产生深远影响。

一是基础模型驱动的数据价值泛化与迁移。以大语言模型为代表的基础模型展现出强大的通用能力和迁移学习能力。未来，这些模型将不仅仅处理文本和图像，更能理解和处理结构化、半结构化等多种数据模态。这将极大地降低在特定场景下从零开始构建人工智能模型的门槛，使得数据要素的价值更容易在不同行业和应用场景间泛化和迁移。企业和个人将能更便捷地利用通用人工智能能力挖掘自身数据的潜在价值，加速数据要素的流通和复用[1]。

二是人工智能增强的数据管理与治理的自动化和智能化。

---

[1] Ilin I. G., "Personal Data in Artificial Intelligence Systems: Natural Language Processing Technology", *Journal of Digital Technologies and Law*, Vol. 2, No. 1, 2024.

未来的数据管理不再是简单的存储和检索，而是高度智能化的体系。人工智能技术将深度嵌入数据采集、清洗、标注、集成、存储、安全、合规等全生命周期环节，实现数据治理的自动化和智能化。例如，人工智能将能自动识别数据质量问题并进行修复，智能推荐最佳的数据存储和访问策略，自动生成数据脱敏和隐私保护规则，甚至利用人工智能进行数据资产的自动分类和估值。[1] 数据管理效率将大幅提升，数据治理成本将显著降低，为数据要素的价值化提供坚实基础。

三是隐私计算与可信技术空间的协同，推动数据"可用不可见"的价值释放。随着数据隐私和安全法规的日益严格，如何在保护原始数据不泄露的前提下进行数据共享和协同分析成为关键，即实现数据"可用不可见"。隐私计算（如同态加密、多方安全计算等）提供了在密文或分布式状态下处理数据的技术手段，而可信技术空间则构建了一个安全、可控的合作框架和技术环境，将隐私计算等一系列可信技术（如差分隐私、安全多方计算、可信执行环境等）集成应用。在这种可信技术空间内，人工智能模型能够在不直接访问或集中原始敏感数据的情况下进行联合训练和推理，真正实现数据的"可用不可见"[2]。这有效应对了数据合规和隐私保护的挑战，特别契合数据宝等专注于数据要素流通和安全利用的技术服务商所构建的能力优势。通过提供可信技术空间，可以有效打破数据孤岛，促进跨机构、跨行业的数据要素在安全、合规的前提下实现高效流通和联合开发利用，释放过去因

---

[1] 国脉数据资产：《什么是数据资产？智能数据资产管理：AI 如何改变数据资产化》，搜狐网，2024 年 4 月 26 日，https://www.sohu.com/a/774504254_121880038；天融信：《数据分类分级迈向智能化阶段，你还在"盲人摸象"么》，新浪财经，2025 年 2 月 18 日，https://finance.sina.com.cn/roll/2025-02-18/doc-inekwutf3915858.shtml.

[2] 方滨兴：《破解隐私保护与数据要素流动相悖之局》，第二届中国网络与数据安全法治 50 人论坛主旨演讲，2022，https://www.secrss.com/articles/46290.

隐私顾虑而被锁定的巨大数据价值。

四是合成数据生成能力的成熟与应用扩展。随着生成式人工智能技术的进步，合成数据的质量和逼真度将不断提高。合成数据将在保护真实数据隐私、弥补数据不足、处理数据偏差、模拟极端场景等方面发挥越来越重要的作用①。人工智能将能根据少量真实数据生成大规模、高质量的合成数据集，用于模型训练、系统测试和场景模拟。这将降低获取特定训练数据的成本和难度，加速人工智能模型的开发和部署，催生基于合成数据的新型数据产品和服务，开辟数据要素价值化的新途径。

五是人工智能赋能的数据要素流通基础设施与新型市场形态的涌现。未来的数据要素市场将是高度智能化和自动化的。人工智能技术将用于构建更高效、更安全、更可信的数据交易平台、数据沙箱、数据空间等数据基础设施，以促进数据流通②。人工智能将很好地促进数据要素流通。例如，人工智能可以辅助进行数据供需匹配、数据质量评估、交易风险控制、交易行为审计等③。同时，基于人工智能能力的创新将催生新型数

---

① 上海交通大学安泰经济与管理学院、上海交通大学行业研究院、"人工智能+"行业研究团队：《2025"人工智能+"行业发展蓝皮书》，2025 年；Jordon J., Szpruch L., Houssiau F., et al., *Synthetic Data-what, why and how*? arXiv, 2022.

② 邬贺铨：《创新引领可信数据空间建设》，《经济日报》2024 年 11 月 30 日。

③ 徐新昊等：《车货供需匹配模型与算法研究综述》，《交通运输工程与信息学报》2024 年第 1 期；Martín L., Sánchez L., Lanza J., et al., "Development and Evaluation of Artificial Intelligence Techniques for IoT Data Quality Assessment and Curation", *Internet of Things*, Vol. 22, 2023; Rahmani A. M., Rezazadeh B., Haghparast M., et al., "Applications of Artificial Intelligence in the Economy, Including Applications in Stock Trading, Market Analysis, and Risk Management", *IEEE Access*, Vol. 11, 2023；刘树：《生成式人工智能在金融审计中的应用——以 Kimi 为例》，《审计研究》2025 年第 1 期。

据产品和服务，如面向特定人工智能任务的定制数据集、通过隐私计算实现的数据使用权交易、人工智能驱动的数据资产管理和金融服务等。这些将极大提升数据要素市场的活跃度和效率。

六是负责任的人工智能与数据治理框架的持续演进。伴随人工智能与大数据的深度融合，数据偏见、算法歧视、隐私侵犯等伦理和社会风险日益突出。未来趋势将更加注重构建负责任的人工智能与数据治理框架。这包括开发更透明、可解释、可追溯的人工智能模型，建立更完善的数据分类分级和安全标准，制定更清晰的数据产权、交易、流通和使用规则，以及探索数据伦理审查和算法监管机制。监管科技和合规科技将利用人工智能技术本身辅助监管和合规过程[①]。一个健全的治理体系将是人工智能与大数据融合可持续发展、数据要素价值长期健康释放的根本保障。

七是边缘人工智能部署与可信数据空间的协同，增强场景感知与实时决策能力。随着物联网设备的普及，大量数据产生于网络边缘，对实时处理和本地决策提出了更高要求。可信数据空间提供了一个基于信任、治理和互操作性的安全环境，允许多个数据持有方在遵守规则的前提下，安全地共享、交换或联合计算数据，而无须集中存储原始数据。边缘人工智能可以作为可信数据空间在边缘侧的数据采集、预处理和本地智能计算节点。边缘设备上的 AI 模型进行初步分析，产生的数据或洞察可以被安全地导入或在可信数据空间内与其他来源的数据进行联合分析和建模。通过边缘人工智能的本地实时处理能力与可信数据空间的安全协同分析能力的结合，可以极大地增强复杂场景的整体感知与实时决策水平。这种协同融合模式，不仅释放了边缘数据的即时价值，更在保障数据主权和隐私的前提

---

① 德勤、蚂蚁集团：《全球合规科技创新洞察》，Deloitte，2023 年。

下，激活了跨领域分布式数据的协同潜力，是未来人工智能赋能场景、强化"数据要素×"效应的重要发展方向。

上述问题并非孤立存在，而是相互作用、彼此加剧的复杂系统。例如，数据产权不清晰会降低投资建设数据基础设施的动力；人工智能技术的"黑箱"问题增加了数据交易中的信任风险和合规成本；制度供给不足则加剧了数据安全和隐私泄露风险，反过来抑制了数据共享和场景应用推广。有效应对这些挑战，需要政府、市场、企业、社会等多元主体在技术创新、制度设计、政策引导、组织变革和伦理规范等多个维度进行协同努力和系统性改革。而对未来趋势的深刻理解和主动把握，则将引领人工智能与大数据融合走向更广阔的应用空间，实现数据要素价值的更大化，驱动数字经济高质量发展。

（四）数据宝的行业人工智能大模型探索

随着《"数据要素×"三年行动计划（2024—2026年）》的推进，工业制造、现代农业与商贸流通等关键领域的数字化转型步伐显著加快。在此背景下，数据宝基于其长期积累的数据治理能力与人工智能技术框架，提出并开发了面向垂直行业的轻量化大模型体系。该体系旨在应对通用大模型在特定行业中适配性不足、运行成本较高及响应速度滞后等现实挑战，构建了以数据资产化为基础、以高效模型训练为中介、以场景化赋能为目标的技术闭环。通过该机制，数据宝在多行业场景中实现了智能化应用的落地，为"数据要素×"的深化提供了可复制、可推广的技术路径。

1. 直击行业痛点：轻量级垂直行业模型的技术创新

通用大模型在向垂直行业渗透过程中，普遍面临以下挑战：首先，训练数据与行业特有知识、隐性经验之间存在结构性差异，例如在复杂的交通治理场景中，通用模型由于缺乏实时路况、动态管制规则以及区域性驾驶习惯等深度垂直数据，其决策建议往往难以具备实际应用价值；其次，模型参数规模与行业实际成本承受能力之间存在显著不平衡，千亿级参数对算力的高要求以及高昂的训练成本远超多数行业用户的投入阈值；最后，数据更新机制与行业动态演进需求严重脱节，年度甚至季度的迭代模式难以满足应急管理、金融风控、气象服务等领域对近乎实时数据响应的严格要求。

数据宝通过一系列关键技术创新与深度行业实践，为有效应对上述挑战提供了可复制的方案，展现出其在技术实力和应用成效方面的行业领先地位。一是基于数据资产化的深度数据挖掘与标准化重构。依托自主研发并持续优化的标准化数据目录与多维数据治理体系，数据宝实现了对复杂行业数据的自动化、高效率、高精度清洗，多层次特征工程以及智能化模型馈送，从而确保了训练数据的质量与效率，为模型性能奠定了基础。二是知识蒸馏与迁移学习的高效融合应用。借助于知识蒸馏算法与多阶段迁移学习策略，数据宝不仅成功提取了通用大模型的底层语义理解与复杂逻辑推理能力，更将其与特定行业的深度特征数据、业务规则知识库进行有机融合与强化训练。目前，该方法已在多个行业实现将模型参数规模压缩至十亿级乃至更低，相较于通用大模型参数量降低超过80%，同时在关键业务场景的识别准确率和决策有效性上保持甚至超越行业领先水平。三是动态数据迭代与模型的"自进化"能力。数据宝构建了覆盖广泛且深入行业的动态数据监测与采集网络，目前稳定具备每日吸纳、处理、整合百万至千万级别新增数据的能力，并结合增量学习与在线学习算法，实现了模型在24小时内甚至小时级的快速迭代与自我优化。此"自进化"能力在应急管理场景中表现尤为突出，例如在突发灾害事件发生时，模型能够实现秒级响应，迅速整合实时气象数据、高精度地理信息、动态人员流动等多维度、多模态情报，生成高精度、可执行的预警方案与资源调度建议。

2. 数据宝垂直大模型赋能行业应用的深度实践

依托"东数西算"国家战略下贵安超算集群提供的算力支持，数据宝高效整合了海量行业授权数据、地方及国家级高质量公共数据资源，并结合自研核心算法优势，已成功构建坚实、高效、可扩展的人工智能应用开发与部署基础框架。在此基础上，数据宝聚焦人工智能技术与数据资产化服务的深度融合与双向驱动，目前已在四大核心应用方向取得显著且可量化的业务赋能成果。

一是人工智能驱动的个性化精准培训。基于深度优化的行业模型与企业内部私有知识库，数据宝已成功为能源、金融、制造等多个领域的龙头企业构建并运营个性化员工培训与能力提升平台。该平台通过智能分析员工的知识结构、技能短板与职业发展路径，从企业知识库中精准匹配并推送定制化的学习内容、实训项目与专家指导，同时建立基于人工智能的动态考核与多维度反馈机制，已助力合作企业平均提升内部培训效率30%，显著加速了高技能人才的培养周期。

二是全场景人工智能客服与运营支持。数据宝已成功研发并规模化部署应用于对内知识支持与对外客户服务双场景的增强型智能客服系统。对内，该系统作为员工的全天候业务支持，提供即时的政策查询、业务流程指导、复杂问题解答，提升了员工工作效率；对外，有效弥补了企业在非工作时段或人力紧张时的客服能力短板。例如，在数据宝自身业务运营中，已实现7×24小时高质量智能应答，客户问题首次解决率大幅提升，显著提升了客户服务体验与品牌忠诚度。

三是智能化、前瞻性的人工智能风控体系。聚焦企业合作风险动态评估、供应链风险预警、合同全生命周期智能管理等核心风控场景，已成功训练并迭代优化了融合多源数据、多维特征的多层次智能风控模型。该模型不仅整合企业内部的经营、财务数据，更引入了行业公开数据、产业链关联数据及宏观经济指标，实现了对合作伙伴信用风险的精准画像与提前研判、合同条款合规性与潜在风险的自动化审查。目前已帮助合作企业有效降低潜在业务风险超过15%，显著强化了企业的整体风险防控与稳健经营能力。

四是数据驱动的人工智能精准营销与增长。已成功为零售、快消、汽车等多个行业的客户构建并持续优化竞争情报智能分析与精准营销决策系统。通过对市场公开数据、社交媒体数据、用户行为数据的深度挖掘与态势分析，系统能够精准识别核心竞争对手及其策略变化、洞察新兴市场趋势与消费者偏好，并结合企业自身产品与营销目标，提供前瞻性的营销策略优化建议与自动化投放方案。已助力多家企业在激烈的市场竞争中抢占先机，平均提升营销转化率约10%—20%。

数据宝的人工智能模型实践，其核心价值不仅体现在单点技术的突破，更在于其对复杂业务场景的深刻理解、系统性解构与全流程智能赋能。以企业智慧管理为例，数据宝为企业量身定制的专属业务模型（通常以私有化部署方式交付），深度嵌入企业业务拓展、人才战略、精细化运营、市场营销乃至战略决策等全价值链环节。该模型依托企业已完成"入表"并持续运营的数据资产，通过"内生经营数据+外部行业多维信息+组织战略动态输入"的独特融合驱动架构，已成功帮助多家标杆企业实现业务决策效率与数据资产核心价值的双重提升，使企业能够以可控的边际成本构建并持续迭代自主可控的"行业最强大脑"，真正打通并高效运营"数据治理—模型训练—智能应用—业务增值—数据反哺"的价值创造与增长闭环。

在跨领域数据协同方面，数据宝充分发挥其在数据融合与人工智能建模方面的核心优势，成功融合公安、运营商、金融机构、交通运输等多部门高度敏感数据，为某国内头部汽车制造企业开发了购车客户信息智能认证与潜客价值评估服务。通过高精度的身份认证与欺诈风险排除，并结合潜客购买力与意愿度分析，该服务已帮助该车企在营销环节节省了高达20%的无效投入，并提升了优质线索转化率，充分展现了在严格数据安全与合规前提下，跨域数据融合在驱动业务模式创新与实现显著降本增效方面有巨大潜力。

目前，数据宝正基于已验证的成功实践，积极推动上述应用成果向标准化、模块化、平台化的人工智能产品与解决方案转化，旨在打造一系列可快速复制、灵活配置、持续迭代的人工智能解决方案，以服务更广泛的市场需求，加速人工智能技术在各行业的普惠化进程。

3. 未来展望：构建开放的行业智能生态

数据宝当前在数据标准化接入与治理、模型轻量化高效压缩、动态实时迭代等方面的核心技术模块已日臻成熟，并在多元化的行业场景中取得了实践成效。立足当下基础，面向人工智能技术浪潮与"数据要素×"深度融合的智能化前景，未来，数据宝将积极应对并引领技术发展趋势，重点在以下方向开拓进取，构建开放共赢的行业智能新生态。

（1）构建智能化、服务化的人工智能产品与解决方案矩阵

一是打造"模型即服务"（MaaS）开放平台。在现有成功实践基础上，数据宝将加速人工智能能力的平台化进程，推出面向行业的"模型即服务"平台。该平台将提供丰富的预训练行业基础模型、可定制化的模型组件库以及高效的模型训练与部署工具链，赋能合作伙伴与客户快速构建和迭代自身的人工智能应用。

二是拓展"数据即服务"（DaaS）与"解决方案即服务"（SaaS）。依托强大的数据治理和资产化能力，提供高质量、高价值、合规安全的"数据即服务"。同时，将成熟的行业人工智能应用（如人工智能培训、人工智能风控等）封装为标准化的 SaaS 产品，大幅降低企业应用人工智能的门槛和成本，实现普惠智能。

三是探索生成式人工智能在垂直行业的深度应用。结合行业专业知识，积极探索生成式人工智能在内容创作（如智能营销文案、个性化培训材料生成）、代码辅助生成（加速行业软件开发）、智能体（Agent）构建（如高度自主的人工智能客服、人工智能运营助理）等方面的创新应用，开辟新的价值增长点。

（2）营造开放、协同、共赢的行业智能生态系统

一是推动技术标准与开放 API 建设。数据宝将积极参与并推动行业人工智能相关的技术标准制定，通过开放 API 接口、共享部分模型组件与开发工具包（SDK），降低生态伙伴的集成与创新成本。

二是赋能开发者与合作伙伴生态。构建活跃的开发者社区，提供培训、技术支持与合作机会，鼓励开发者、系统集成商、咨询机构等生态伙伴基于数据宝的人工智能底层技术进行二次创新、场景拓展与解决方案共建。

三是探索基于联邦学习与隐私计算的数据协作新范式。针对数据安全与隐私保护的挑战，数据宝将积极推广应用联邦学习、安全多方计算（MPC）、同态加密等隐私增强技术（PETs），参与可信数据空间构建。这不仅是技术壁垒的深化，更是构建跨行业、跨机构间可信数据协作网络，安全释放数据要素融合价值的关键路径，为解决"数据孤岛"问题提供解决方案。

（3）深度践行"数据要素×"，领航数字化转型与价值倍增

一是驱动数据资产的持续增值与创新应用。以行业人工智能为核心驱动力，更深度地参与"数据要素×"行动的各行各业实践，帮助企业不仅实现数据资产化"入表"，更能通过人工智能实现数据资产的动态运营、价值发现与持续增值。

二是打造可信、高效的数据要素流通与交易赋能服务。结合人工智能在数据质量评估、价值发现、风险控制等方面的能力，探索为数据要素市场提供智能化辅助服务，促进数据要素在安全合规前提下的高效流通与市场化配置。

三是助力千行百业的智能化跃迁。通过持续的技术创新、产品打磨与生态构建，数据宝致力于帮助更多垂直领域内的企业实现从"信息化"到"数字化"再到"智能化"的根本性转型升级，将数据潜力切实转化为驱动各行业高质量创新发展的"智能红利"与"增长红利"。

从当前的发展方向和发展路径来看，未来，数据宝将继续通过不懈的技术攻坚、深刻的行业理解、开放的生态合作以及对"数据要素×"国家战略的坚定践行，成为数字经济时代的赋能者与引领者。并充分发挥人工智能的赋能作用和对人工智能的深度探索，推动数据宝与各行各业的合作伙伴共同描绘"数据要素×"的宏伟蓝图，为加速形成新质生产力、助力推动中国数字经济迈向更高水平贡献更大力量。

八 以数据资产化深入推进数据价值实现的政策建议

数据是数智时代的"数字石油"。但要真正将这些"数字石油"转化为驱动发展的强大引擎,仅拥有数据资源远远不够,关键在于促进数据流通和释放数据价值,即如何有效实现数据的"价值化"。当前中国已将数据要素市场化、价值化列为深化经济体制改革的关键任务。数据资产化是数据价值化的关键环节,有必要立足人工智能发展趋势,结合数据要素价值化的未来发展图景,借鉴数据资产化"数据宝模式"的经验,以数据资产化为抓手,围绕制度基础、市场机制、主体赋能和风险防范四大支柱,构建系统性、前瞻性的政策框架体系,深入推进数据价值实现,加速示范数据潜在价值。

(一)"数据宝"模式的贡献与启示

数据宝是中国在数据要素市场化和资产化领域的重要探索者,其创造的"数据宝模式"为理解实践中的挑战和政策完善提供了重要启示。如果说数据要素市场化是"数据宝模式1.0"的话,那么数据宝提出"数据滚雪球"模型,提出数据资产入表"九步法",以及提出数据资产"1+3+1"全链路解决方案,为探索数据资产化提供了重要的理论和实践指导,是进一步将"数据宝模式"从"1.0"升级到"2.0"。相应地,数据宝也将数据范围拓展到一般市场，不仅局限于国有数据范围，而是面向所有市场主体的数据资源。

1. "数据宝模式2.0"的主要贡献

"数据宝模式2.0"体现了数据宝对数据资产价值的独到理解和将复杂的数据资产化过程标准化的努力，是中国在数据要素市场化道路上的重要探索，主要有如下贡献：

一是验证了数据资产化的可行性。通过实际操作和具体的入表案例，证明了数据从资源到资产的转化并非空中楼阁，而是可以通过一套方法论和工具链实现的。

二是开创了场景化估值思路。基于数据宝长年的场景应用积累，为解决数据估值难题提供了有益探索方向，使其评估更贴近数据实际产生的效益。

三是构建了较完整的服务体系。"1+3+1"解决方案为缺乏经验的企业提供了可行的路径和工具支持，降低了企业进行数据资产化的门槛。

四是推动了市场对数据资产的认知。通过成功的入表案例，提升了企业界和资本市场对数据资产价值的关注和认可度。

五是为制度建设提供了实践反馈。在实践中遇到的标准化、权属、估值等问题，为国家层面制定相关政策和标准提供了第一手资料和经验。

总的来说。"数据宝模式2.0"为数据资产化提供了一个可行且可拓展的实践方案，对中国数据价值化进程提供了重要助推作用。

2. "数据宝模式"的重要启示

"数据宝模式"提供了众多数据资产化的可借鉴典型案例和可复制可推广的典型路径，对数据要素价值理论研究和以数据资产化深入推动数据价值实践探索都具有重要启示。

一是场景是数据价值的锚点。任何数据资产化和价值化的努力都必须紧密围绕具体的应用场景。

二是综合服务体系是关键。仅仅提供技术或法规咨询不足以推动数据资产化，必须提供覆盖数据全生命周期的集成化服务。

三是标准化是规模化前提。缺乏统一的标准，数据资产化和要素市场的建设都难以实现规模效应。

四是技术和制度要协同。数据资产化既是技术问题（治理、安全、隐私计算），更是制度问题（权属、估值、监管），需要技术创新与制度创新协同推进。

五是政策依据靠实践。数据宝等先行者的探索和遇到的问题，为国家层面制定更具针对性、操作性的政策提供了宝贵的实践经验和问题清单。

六是概念区分很重要。清晰区分"财务报表入表"和"市场估值"标准，是数据资产化得以推进的重要思维方式。入表价值不等于市场估值，更不是交易价格。

3. "数据宝模式"面临的挑战

从"数据宝模式1.0"到"数据宝模式2.0"，尽管提供了一套可行的方案，但是有其自身的局限性和客观上中国技术和制度层面的不健全，这使得"数据宝模式2.0"的推广需要充分考虑到数据宝的特殊和全国一体化数据要素市场的一般性。

一是标准化和互操作性瓶颈。"数据宝模式1.0"与"数据宝模式2.0"自身的标准化探索仍是企业层面的，缺乏行业或国家层面的统一标准支撑，影响其模式的普适性和跨机构互通。数据产品"积木化"的互操作性需要更广泛的标准。

二是估值方法论的普适性与公信力。"老中医理论"的落地依赖于对具体场景和业务效益的精确量化，不同行业、不同企业的量化难度差异巨大，其评估结果的科学性和公信力需要更广泛的行业共识和第三方验证体系支撑。

三是权属界定和多方利益分配的复杂性。数据来源的多样性（原始采集、第三方购买、联合生成等）、加工链条涉及多个环节，使得数据产权的最终界定和价值在不同参与方之间的合理分配仍然充满挑战，影响数据资产的交易和合作意愿。

四是市场交易活跃度不足。数据资产的非标准化、估值不确定、权属风险、安全顾虑以及缺乏统一的交易平台和配套服务，导致数据资产的二级市场交易尚不活跃，影响资产的流动性和价值发现。

五是技术应用深度与广度。隐私计算等技术虽然重要，但在大规模商业化应用、性能、成本等方面仍需提升，限制了敏感数据的流通。

六是制度配套滞后。尽管已有积极进展，但与数据资产化和市场化需求相匹配的法律法规、会计审计规范、财税政策、金融支持等仍需加快健全。

（二）数据价值化的未来图景

数据价值化是一个动态演进的过程，未来发展将受到技术突破、产业转型、监管环境等多重因素的深刻影响。特别是随着人工智能技术的进一步突破，以及实体经济与数字经济深度融合的持续推进，数据价值化将迎来前所未有的发展机遇，也将面临新的挑战与变革。数据价值化必然与新技术路径深度融合，推进数据资产化的创新发展，并在未来演化出更具规模化、体系化和智能化特征的新格局。

1. 与产业应用深度融合

政策层面明确提出要推动数据要素与生产工艺、行业知识和传统要素深度融合创新，促使数据产业创新力转化为现实生产力。数据作为基础性战略资源，将与制造、服务、交通、医疗、能源、农业等各类产业加速协同，实现生产方式、组织模式、商业模式的重塑。例如，自动驾驶依赖超大规模的环境感知数据，智能制造需要基于实时数据优化工艺参数，智慧城市则通过跨领域数据集成实现城市治理现代化。这种深度融合不仅能够打破传统行业的边界，释放隐藏的价值空间，还能通过数据要素与其他生产要素的叠加，放大和倍增资源效能，显著提升全要素生产率和社会生产效率。[①] 在此趋势下，传统行业的效率提升、流程重塑和组织再造将日益倚重数据资产的投入与应用，数据资产化将成为推动产业升级、经济结构优化与高质量发展的重要引擎。

2. 价值评估与定价机制逐渐走向成熟

随着市场探索的深化与技术进步的加速，数据资产的价值评估与定价将更加科学、合理和精准。目前，人工智能、大数据、区块链等技术为数据资产评估提供了强有力的工具支撑，能够在数据清洗、特征抽取、模式识别和价值挖掘等方面显著提升效率与准确性。未来，数据资产估值将从静态、单一的成本法为主，逐步转向基于供需关系、数据流动性和应用场景价值动态变化的市场化定价模式，形成实时动态定价、智能化评估的新机制[②]。利用人工智能技术，企业可以实时监控数据资产的价值变化，及时调整经营决策，实现风险防范与价值最大化。随着数据定价标准体系的不断完善，数据评估行业将趋于规范

[①] 《国家数据局等部门关于印发〈"数据要素×"三年行动计划（2024—2026年）〉的通知》，国数政策〔2023〕11号，2023年12月31日。

[②] 中国信息通信研究院政策与经济研究所：《数据价值化与数据要素市场发展报告（2024年）》，2024年9月；任保平、刘洁：《建立完善中国特色的数据市场定价机制》，《当代经济研究》2024年第7期。

化、透明化，能够有效降低信息不对称，提高交易效率，促进数据要素市场的健康发展。

3. 数据服务生态体系日益繁荣

未来的数据资产化进程，将不再局限于简单的数据交易，而是孕育出更加丰富、繁荣的数据服务生态。在"可信数据空间"、数据要素流通体系建设等政策倡导下，将逐步构建起以数据为核心、技术为驱动、规则为保障的开放协同生态。数据资源提供方、技术服务商、标准制定机构、合规监管机构、应用开发者等多方力量将在生态体系中深度协作，形成互利共生的产业网络。新兴业态如"数据即服务"（DaaS）、"知识即服务"（KaaS）、"模型即服务"（MaaS）、"隐私计算即服务"（PCaaS）等将快速发展，极大拓展数据的应用边界。据麦肯锡预测，数据流动量每提高10%，可带动GDP增长约0.2%[1]。为此，需要发挥专业机构如数据审计、质量评价、争议仲裁等第三方力量的作用，并通过创新试点和应用案例推动以数据为基础的服务与产品创新。最终，将形成数据资源汇聚、共享、增值的良性循环，构建起覆盖数据获取、交易、安全、合规等全链条的繁荣生态。

4. 人工智能驱动数据实现价值倍增

人工智能技术与数据资产化相辅相成。人工智能的发展为数据资产深度挖掘提供了强大动力，反过来丰富的数据资产又为人工智能算法迭代提供"养料"。第七章提到，以场景为核心的人工智能赋能模式，不仅在垂直行业、跨领域协同、微观组织和公共服务等多个维度激发了数据要素的乘数效应，更是培

---

[1] 徐策、曹樱、左登基：《数据跨境流动：打造数字经济发展新优势的关键抓手》，《上海证券报》2024年12月16日第7版。

育和发展数据要素市场的关键驱动力量。未来,人工智能将渗透到数据资产化的各个环节。通过机器学习和深度学习模型,企业可以从海量数据中发现新模式、预测未来趋势,实现从描述性分析到预测性、规范性洞察的跃升。在价值提取方面,人工智能能够自动评估数据资产的潜在经济价值,如利用用户行为数据发现新业务机会或优化产品设计。长远来看,人工智能将使数据资产评估和流通变得更加实时、动态,并且降低使用门槛,让更多企业都能够利用数据驱动决策。因此,人工智能的深入应用将极大地放大数据资产的增值效应,形成数据价值和技术创新相互促进的新局面。

(三) 加快数据资产化推动数据价值化的政策建议

基于前面对数据资产化实践的经验总结和对未来价值化图景的展望,本节从制度、市场、技术和保障四大维度系统性、分层联动的数据要素价值化政策体系,以清晰界定政府与市场的职能,并充分体现人工智能的赋能与治理角色,从而有效打通数据从资源到资产再到价值的全链路,推动数据要素成为驱动高质量发展的核心引擎。

1. 夯实制度基石

健全的数据基础制度体系是数据要素得以顺畅流动的根本保障,政策需要着力解决数据权属不清、公共数据治理不足、配套规则缺失等基础性问题。

(1) 构建适应数字经济特征的数据产权体系

坚持立法先行,依法界定并保护各类数据权益人的合法权益,构建分层分类、明晰高效的数据产权体系,降低数据流通的制度性交易成本,为数据资产化和市场化配置提供坚实法治基础。通过小范围试点探索可行的技术和制度模式，逐步积累经验，并建立灵活的产权调整机制以适应技术和市场变化。

一是完善立法，细化产权内涵与边界。加快推动"数据要素市场化配置改革框架性文件"相关法律法规的落地，在《中华人民共和国民法典》关于数据保护原则的基础上，制定或修订数据要素相关法律法规，明确数据资源持有权、数据加工使用权、数据产品经营权的权利性质、内容、行权方式、保护途径和限制条件。区分原始数据、中间数据、衍生数据、聚合数据的产权属性和流转规则。

二是建立数据产权登记与备案机制。探索建立国家级或行业性的数据产权登记平台，对企业和机构拥有的具有资产价值的数据资源进行自愿登记或强制备案（针对特定重要数据）。登记内容包括数据资源的类型、来源、规模、质量、安全等级、主要权利人及其行权边界、许可使用情况等。通过区块链等技术确保登记信息的真实性和不可篡改性。利用人工智能辅助数据产权信息的形式审查和一致性校验。

三是规范数据处理者行权行为。制定数据处理者（包括平台企业、数据服务商等）的行为规范，明确其在采集、存储、使用、加工、共享、委托处理用户数据、公共数据、企业数据时的权利义务、告知同意要求、安全保障责任。对于公共数据授权运营，要明确授权范围、期限、用途限制和收益分配义务。对于涉及个人信息的处理，严格落实《中华人民共和国个人信息保护法》的要求。

四是构建衍生数据和复合数据的收益分配机制。针对数据要素投入形成的数据产品、数据模型、数据报告等衍生数据资产，以及多方数据融合形成的复合数据资产，探索建立基于不同参与方贡献度（数据源质量、治理投入、技术投入、场景价值贡献等）的收益分配规则和合同范本。鼓励通过智能合约等技术，将收益分配规则嵌入数据流通和使用流程中，实现自动化、可信化的收益分配。

(2) 健全公共数据资产化与国有数据资源监管机制

加快推动公共数据资源转化为可用的公共数据资产，并将其纳入国有资产管理框架，强化政府主要负责人的责任，将数据治理和开放纳入绩效考核，立法明确授权运营的规则和边界，建立健全覆盖其全生命周期的监管体系，确保公共数据在安全可控、合规利用的前提下，实现公共利益和经济效益的最大化。同时，加强社会监督和第三方评估。

一是强制推进公共数据资产登记和管理。明确各级政府部门、事业单位、依法授权组织是公共数据资产的责任主体，强制要求其进行数据资源盘点、资产识别和登记管理，形成全国统一的公共数据资产目录和台账。登记信息应包括数据资源的基本情况、安全等级、共享或开放属性、已开展的授权运营情况等。登记结果应定期更新并依法依规向社会公开必要信息。利用AI辅助公共数据的自动化盘点、分类分级和元数据提取。

二是完善国有数据资产审计体系。将国有企事业单位持有的非涉密、非敏感商业秘密的运营数据资源纳入国有资产审计范畴。制定国有数据资产专项审计指引，明确审计重点，包括数据资产的真实性、完整性、合规性、价值评估的合理性、授权运营过程的规范性、收益分配的公平性以及数据资产的安全管理和风险控制情况。利用AI驱动的智能审计工具，自动化分析海量数据使用日志、交易记录、合同文本等，识别异常行为和潜在风险点，提升审计效率和穿透力。

三是规范公共数据授权运营的收益分配与再投资。明确公共数据授权运营的公益性优先原则，兼顾市场化激励。制定基于不同数据类型、授权范围、应用场景以及运营商投入和贡献的收益分配比例规则。强制规定部分运营收益必须用于反哺公共数据基础设施建设、数据治理能力提升、数据安全保障投入或直接用于改善公共服务。建立收益分配的透明化和监督机制。

四是建立健全公共数据开放与授权运营的配套机制。区分公共数据的"无条件开放"与"有条件开放/授权运营"。制定公共数据开放目录和负面清单。建立公共数据授权运营的申请、审批、运营、监督、评估、退出全流程管理规范。鼓励引入技术服务商和专业运营商，提升公共数据资源转化为可用数据产品和服务的效率。

(3) 完善数据资产相关的会计准则、审计规范及税收政策

建立与数据资产特点和数据要素市场发展相适应的会计核算、审计监督和税收管理体系，为数据资产的财务识别、计量、披露、交易和管理提供明确的规范指引，促进数据资产在企业报表中显性化，为相关金融活动奠定基础。坚持试点先行，积累经验，既要与国际接轨，也要符合本国国情，保持税收政策的灵活性和适应性。

一是完善数据资产会计准则。在现有无形资产、存货等会计准则基础上，针对数据资产的特点，制定更具操作性的会计处理规定。明确数据资产的确认条件（如是否可被控制、是否带来未来经济利益），初始计量方法（如外部购买成本、内部开发成本），以及后续计量方法（如成本模式、收益模式的应用）。规范数据资产相关支出的费用化和资本化处理。强制增加数据资产在财务报表附注中的披露要求（如数据资产类型、规模、入表金额、相关应用场景、是否存在权利限制或质押等）。

二是制定数据资产审计规范。制定数据资产审计准则或指引，明确审计师在数据资产审计中的职责和程序。审计范围应包括数据资产的存在性、完整性、准确性、权利的合法性、估值方法的恰当性、会计处理的合规性、相关内控的有效性以及披露信息的充分性。利用人工智能审计工具辅助进行数据质量审计、合规性审计以及估值合理性辅助分析。建立第三方数据资产评估报告的审计复核机制。

三是研究和调整数据资产相关税收政策。区分数据资源

（未形成资产前）流转与数据资产（已入表）交易的税务处理。研究数据产品交易的增值税、企业所得税、印花税等税收征管问题，明确税基和适用税率，避免重复征税。探索对企业在数据治理、数据安全、数据资产化等方面的投入给予税收优惠。研究公共数据授权运营收益的税务处理。

2. 激活市场动能

健全的制度为数据要素的流动奠定基础，但数据价值的真正实现依赖于高效的市场机制，需要构建多层次的交易市场、创新的估值定价方法和繁荣的服务生态。

（1）发展多层次、功能完备的数据要素市场体系

政府发挥引导作用，邀请龙头企业共同制定统一规则和技术标准，构建一个以国家级数据交易场所为核心枢纽，行业性、区域性数据交易平台为重要节点，功能多元、互联互通、安全可信的数据要素市场体系。通过政策激励吸引更多主体参与，促进数据要素高效、合规流通和交易，提升市场活跃度和资源配置效率。

一是提升国家级数据交易场所核心功能。强化其在数据交易规则制定、标准发布、登记结算、争议解决、技术支撑（提供隐私计算、区块链存证、安全沙箱等公共服务）、市场监测、行业研究等方面的引领作用。扩大交易品种和服务范围，吸引各类数据要素主体参与。利用人工智能驱动交易撮合系统，根据用户画像、数据需求、历史交易行为等，智能推荐合适的数据产品或服务，提高匹配效率。

二是鼓励和规范行业性、区域性平台发展。支持特定行业（如工业、金融、医疗）或区域（如先行示范区）建设垂直或区域性数据交易平台，聚焦领域内特色数据和应用场景，提供定制化交易和配套服务。通过技术标准、业务规范、监管协调，推动不同平台之间的互联互通、数据目录共享和跨平台交易结算。

三是探索多元化数据交易模式和产品。在传统的原始数据或数据产品交易基础上，探索数据分析报告、人工智能模型、计算能力服务、场景化解决方案等的交易。发展数据使用权、数据订阅、基于效果付费、数据资产证券化（试点）、数据资产信托等多种交易模式和金融产品（需审慎）。

四是加强数据经纪人培育和管理。制定数据经纪人资质认证、业务规范、行为监管和责任追究机制。鼓励具备专业能力、信誉良好的机构充当数据经纪人，提供数据资产梳理、产品封装、供需撮合、合规审查、风险评估等专业服务。利用人工智能辅助数据经纪人进行市场分析和产品定价。

五是建立数据要素市场监测和信息披露机制。建立统一的数据要素市场运行监测平台，定期发布交易量、交易额、活跃主体、主要交易产品类型等统计信息。规范数据交易主体的信息披露行为，提高市场透明度。利用人工智能分析市场运行数据，识别市场垄断、不正当竞争、异常交易等行为。

（2）构建"场景驱动、技术赋能"的智能化数据资产估值定价体系

坚持技术创新与制度创新并重，通过试点积累经验，建立一个科学、智能化的动态数据资产估值定价体系，逐步完善标准，以便准确反映数据在不同场景下的应用价值和市场供需关系，为数据交易、资产入表、融资担保等活动提供公允可靠的价值依据。

一是深化基于应用场景的价值评估标准。进一步细化和量化"老中医理论"，制定不同行业、不同应用场景（如精准营销、风险控制、运营优化、产品研发等）下的数据价值评估规范和指标体系。评估指标应包括数据质量、独特性、时效性、覆盖度、预测能力、决策支持有效性以及在场景中带来的可量化经济效益或成本节约。

二是大力研发和推广人工智能驱动的动态估值模型。投入研发具有自主知识产权的、基于机器学习、大数据分析、博弈论等理论的智能化数据资产估值模型。模型应能够整合数据自身属性、市场交易信息、应用场景数据、业务效益数据甚至宏观经济指标，实现对数据资产价值的动态、实时评估和预测。利用生成式人工智能辅助生成多维度的估值报告，并提供敏感性分析。

三是制定分层分类的估值方法和标准。由国家权威机构牵头，联合行业协会、重点企业、高校、科研院所、评估机构，制定国家层面的数据资产估值基本原则和框架标准，以及针对金融、工业、医疗、交通等重点行业的细分估值标准和操作指南。形成国家标准、行业标准、企业标准协调统一的分层标准体系。

四是建立数据资产估值验证与认证机制。依托国家数据交易场所或指定具备资质的第三方评估机构，建立数据资产估值结果的验证与认证体系。对用于资产入表、质押融资、重要交易等目的的数据资产估值报告进行独立技术验证和合规性审查，确保估值过程的科学性和结果的公信力。利用人工智能工具对估值模型和估值过程进行自动化校验，识别潜在的偏差或不合理之处。建立评估师资质认证和信用管理体系。

五是构建市场化动态定价机制。鼓励数据交易平台探索基于供需匹配、竞价拍卖、算法定价等多种市场化定价模式。利用人工智能分析历史交易数据和实时市场情况，为交易双方提供价格参考区间或最优交易策略建议。

（3）大力培育和规范数据服务生态体系

加强标准制定和推广，建设一个覆盖数据全生命周期、功能完备、分工协作、公平竞争、充满活力的专业化、智能化数据服务生态体系，为数据要素的高效流通、深度应用和价值实现提供全方位支撑。

一是鼓励发展多元化专业服务机构。通过政策引导和资金支持，鼓励发展数据采集、清洗、标注、治理、质量评估、安全审计、合规咨询、技术服务（隐私计算、区块链等）、应用开发、资产管理咨询、数据经纪等各类专业服务机构。特别鼓励具备跨领域、跨行业服务能力的综合性数据服务商。

二是重点支持人工智能驱动的新型数据服务。将人工智能与数据服务深度融合，重点支持开发和推广人工智能数据治理工具、隐私计算机服务（PCaaS）/联邦学习平台、模型即服务（MaaS）、自动化数据分析和洞察服务、AI辅助合规与审计服务等。

三是建立健全数据服务标准和评价认证体系。制定数据服务类别、质量、安全、技术等方面的行业标准和规范。建立第三方评价和认证机制，提高服务质量和公信力。推广数据服务合同范本，规范服务行为。

四是构建服务供需对接和资源共享平台。建立数据服务供需对接平台，汇集服务商信息、服务能力、成功案例，方便需求方查找和选择服务。探索构建数据工具库、模型库等资源共享平台，降低服务商开发成本。

3. 赋能主体实践

数据要素价值的最终实现依赖于企业、科研机构、个人等微观主体的积极参与和创新应用。因此，政策需要从提升主体能力、激励创新、优化营商环境等方面提供全方位支持。

（1）强化企业数据资产管理能力建设与应用推广

强化政策引导，降低门槛，提供切实的支持和服务，提升企业识别、盘点、管理、利用自身数据资产的能力，普及数据资产化理念。通过示范带动，鼓励企业将数据资产融入日常运营和决策，实现数据驱动的转型升级。

一是加大政策宣讲和培训力度。组织面向企业高层、数据部门、财务部门的政策解读会、培训班、研讨会。讲解数据要素市场化政策、数据资产入表要求、数据治理最佳实践、数据安全合规要求等。推广数据资产化成功案例。

二是支持企业采用数据资产管理工具和方案。鼓励企业投资数据治理、数据资产管理平台、元数据管理系统等基础设施和工具。政府可以提供财税补贴、税收优惠、贷款贴息等方式，降低企业投入成本。重点支持企业采用人工智能驱动的自动化数据治理和资产盘点工具。

三是推广数据资产管理成熟度评估。建立企业数据资产管理成熟度评估模型和评价体系，引导企业对照标准提升管理水平。对达到一定等级的企业给予政策激励或荣誉。

四是提供专业咨询和辅导服务。引导具备能力的第三方咨询机构、会计师事务所、律师事务所等为企业提供数据资产盘点、合规审查、价值评估、入表操作、风险管理等专业咨询和辅导服务。

五是鼓励企业内部试点数据资产化。支持有条件的企业在内部选取典型数据资源进行数据资产化试点，总结经验，形成企业内部的数据资产管理流程和规范。

（2）优化政策环境，激励数据要素与产业深度融合创新应用

强化顶层设计和跨部门协调，通过政策引导和资金支持降低创新风险，营造有利于数据要素与其他要素（特别是人工智能）深度融合、催生创新应用、培育新业态新模式的政策环境，将数据要素的潜力转化为驱动实体经济发展的强大动能。

一是设立数据要素创新应用专项支持计划。设立国家级和地方级的数据要素创新应用专项资金，支持数据要素在智能制造、智慧医疗、智慧城市、绿色能源、现代农业、普惠金融、数字营销等重点行业的创新应用项目，特别是支持基于海量行业数据，利用人工智能技术解决产业痛点、提升效率、创造新增价值的标杆性应用项目。

二是搭建数据与产业融合创新平台。建设跨领域、跨行业的数据创新实验室、应用孵化器、产业创新联盟等，汇聚数据供给方、技术服务商、应用开发者、行业专家、金融机构等多方力量，促进协同创新和成果转化。例如，建设工业数据创新应用中心、医疗大数据共享与应用平台等。

三是实施数据要素创新应用试点示范工程。选择具有代表性的行业、区域和场景，开展数据要素融合创新应用试点，形成一批可复制、可推广的典型案例和解决方案。将人工智能在这些示范项目中的应用成效和伦理安全合规性作为重要的评价和推广标准。

四是探索数据要素市场化采购和应用激励机制。鼓励政府和国有企业在采购信息系统、服务或进行数字化转型时，将数据要素的使用、贡献以及是否采用符合规范的数据产品和服务作为重要的评标因素。研究将符合条件的数据要素投入和应用效益纳入高新技术企业认定、专项补贴申请、项目申报的考量范围。

五是建立健全数据要素需求发布和解决方案对接机制。定期组织政府部门、行业协会、大型企业发布数据要素需求清单，引导数据供给方和技术服务方针对需求提供解决方案，促进精准对接和应用落地。

（3）加强数据要素与人工智能复合型人才培养与引进

加强前瞻性规划，构建多层次、多类型、适应产业发展需求的数据要素与人工智能复合型的动态人才培养体系，优化人才发展环境，加强国际交流与合作，为数据价值化的全链条提供坚实的人力资源保障。

一是将数据科学、数据工程、人工智能、数据治理、数据法律与伦理等列为国家优先发展学科。支持高校设置相关专业方向，鼓励学科交叉融合，建立本硕博贯通的培养体系。加大相关领域的科研投入，吸引高水平师资。

二是发展多层次职业教育和技能培训。鼓励职业院校、企业、行业协会、在线教育平台等合作，开发面向不同岗位需求的职业技能培训项目，如数据分析师、人工智能应用工程师、数据标注师、数据安全工程师、数据合规师、数据资产评估师等。推广证书认证制度，提升职业技能水平。

三是深化产学研合作与人才实践。支持高校、科研院所与企业共建联合实验室、工程研究中心，开展联合科研项目和实践项目。鼓励学生到企业实习实践，提升解决实际问题的能力。建立人才供需对接平台，提高人才与岗位匹配效率。

四是健全人才评价和激励机制。改革人才评价体系，注重实践能力、创新能力和解决实际问题的能力。建立股权激励、项目奖励、人才补贴、落户优惠等多种激励机制，吸引和留住国内外高水平人才。

五是加强国际人才交流与引进。设立专门的数据要素与人工智能领域人才引进计划，吸引国际顶尖科学家、技术专家、政策研究人才来华工作。支持国内机构与国际高水平大学、研究机构开展人才联合培养和交流项目。参与全球数据治理和人工智能人才标准的制定。

4. 健全风险防范

数据要素利用进程中伴随数据安全、隐私泄露、金融投机、算法不公等风险，需要构建完善的风险防范体系，保障数据要素价值化健康、可持续发展。

（1）构建全方位数据安全与隐私保护屏障

坚持发展与安全并重，加强技术研发和应用推广，建立健全覆盖数据全生命周期、技术与管理并重的数据安全和隐私保护体系，平衡数据开放共享与安全防护，有效防范数据泄露、滥用和攻击风险，保障国家数据安全、商业秘密和个人信息权益。

一是严格执行数据分类分级保护制度。依据国家标准，指导企业和机构建立内部数据分类分级管理规范，对不同类别、不同重要性、不同敏感度的数据采取差异化的保护措施。明确核心数据、重要数据、一般数据的安全保护要求。

二是加强数据全生命周期安全技术防护。推广使用先进的数据安全技术，包括但不限于：数据加密（传输加密、存储加密）、数据脱敏、数据匿名化、访问控制技术、数据防泄露（DLP）技术、数据库审计技术、安全沙箱环境、数据备份与恢复机制。利用人工智能驱动的智能安全监控和入侵检测系统，分析网络流量、用户行为、系统日志，识别潜在的安全威胁和异常行为。

三是大力推广隐私计算等数据安全流通技术。通过政策引导和资金支持，鼓励企业在数据联合计算、跨机构数据分析、敏感数据应用中广泛采用隐私计算、联邦学习、多方安全计算等技术，实现数据"可用不可见"，从技术上解决数据流通中的隐私泄露和数据滥用问题。建立隐私计算技术标准和评估认证体系。

四是完善数据跨境流动的安全管理。在依法依规、保障安全的前提下，促进数据的跨境安全有序流动。制定和完善数据跨境流动安全评估、标准合同、个人信息保护认证等制度细则，明确跨境数据传输的条件、程序、接收方的安全保障义务和违规责任。建立数据跨境流动安全风险评估机制。

五是加强数据安全监管和执法。加大对数据泄露、非法获取、非法交易、数据滥用等违法行为的监管和打击力度。完善数据安全事件应急响应和报告机制。建立数据安全监管的技术支撑平台。

六是应对人工智能应用带来的数据安全新风险。制定人工智能训练数据安全管理规范，防止训练数据污染和泄露。研究人工智能模型安全问题，防范对抗样本攻击、模型窃取、模型推理攻击等风险。规范人工智能使用个人数据的行为,确保符合隐私保护要求。

(2) 防范数据资产金融化风险,确保稳健发展

在探索数据资产金融创新的同时,坚持底线思维和审慎原则,建立健全数据资产金融化风险防范体系,在发展中规范,在规范中发展,防范可能引发的金融风险和市场不稳定,加强监管科技应用,提高风险识别和处置能力。

一是审慎规范数据资产质押融资。制定数据资产质押融资的指导意见和管理办法。明确可用于质押的数据资产类型范围(优先选择权属清晰、价值稳定、应用场景明确、现金流可预测的数据资产)。设定质押率上限,防止过度杠杆。要求金融机构建立严格的数据资产评估、风险审查和贷后管理机制。建立数据资产质押登记公示平台,防止重复质押。利用人工智能对用于质押的数据资产进行价值波动监测、风险评估和压力测试。

二是严格规范数据资产证券化试点。对数据资产证券化(ABS)等创新产品保持高度警惕和审慎态度。仅在明确底层数据资产权属、价值稳定性、合规性以及未来现金流可预测性的前提下,在严格监管下开展小范围试点。建立穿透式监管机制,要求信息充分披露,跟踪底层资产质量和现金流情况。

三是加强数据资产估值和评估机构监管。对用于金融目的的数据资产估值报告实施强制性第三方验证和备案。加强对评估机构的资质管理和业务监管,建立责任追究机制。防止评估机构与数据资产提供方或金融机构合谋进行虚高估值。利用人工智能工具对估值报告进行自动化审计复核,检测异常评估方法或不合理假设。

四是建立数据资产风险监测和预警机制。依托数据交易平台、金融机构、监管部门,建立数据资产风险信息共享和监测平台。对数据资产估值异常波动、交易量或质押量异常放大以及可能影响数据资产价值和流动性的事件进行实时监测和预警。利用人工智能驱动的风险模型，识别和预测数据资产相关的金融风险。

五是明确各方责任，健全处置机制。明确数据资产提供方、评估机构、金融机构、担保机构、交易平台等各方在数据资产金融化过程中的合规、风险管理和信息披露责任。研究数据资产违约后的处置路径和机制。

（3）完善人工智能伦理与算法治理框架

坚持包容审慎原则，建立健全人工智能伦理规范和算法治理体系，引导 AI 技术健康发展和负责任应用，防范算法歧视、隐私侵犯、信息茧房、滥用等伦理和治理风险，确保数据驱动的人工智能发展符合人类价值观和社会公共利益。鼓励行业自律和技术创新探索，加强跨学科、跨领域、跨国界的对话与合作，建立动态调整的治理框架。

一是制定和推广人工智能伦理规范和行为准则。明确人工智能研发、应用、管理应遵循的核心伦理原则，如以人为本、安全可控、公平公正、透明可释、隐私保护、负责任等。鼓励行业协会、企业制定人工智能伦理自律规范。

二是加强算法安全和算法治理。制定算法安全管理规范和技术标准，对用于重要领域或可能产生重大社会影响的算法进行安全评估和备案管理。建立算法审计机制，允许第三方机构对算法的公平性、透明性、安全性进行评估。规范算法推荐、算法定价、算法决策等行为，防止算法歧视、偏见和滥用。利用人工智能工具进行算法公平性检测、偏见识别、可解释性分析和鲁棒性测试。

三是明确人工智能应用的责任主体和追溯机制。明确人工智能产品或服务的设计者、开发者、提供者、使用者的责任边界。探索建立 AI 模型和数据使用记录的追溯机制，确保在出现问题时能够追溯到原因和责任方。

四是鼓励伦理审查和风险评估。引导人工智能研发和应用单位建立伦理审查委员会，在人工智能项目启动前进行潜在伦理风险和影响评估。推动建立人工智能风险分级评估体系，对高风险人工智能应用实施更严格的监管和审查。

五是加强公众教育和参与。提高公众对人工智能伦理和治理问题的认知，鼓励公众参与相关政策和规范的讨论。建立公众投诉和举报机制。

结　　语

　　数据要素价值化是数字经济时代最核心的命题之一,其深度推进对于激发全社会创新活力、驱动经济高质量发展、构建国家竞争新优势具有重要战略意义。本书从中国数据资产化的实践探索——以"数据宝模式"为例——出发,分析了其在资产入表、估值、服务体系等方面的有益尝试与面临的挑战;继而以前瞻性视角,深入研判了数据价值化的未来图景,特别是人工智能作为核心驱动力将如何深刻重塑数据的价值发现、转化和实现过程。在此基础上,本书提出要构建一个系统性、分层联动的数据要素价值化政策体系。

　　这一政策体系核心在于打通数据从资源到资产再到资本的价值实现全链路。通过夯实以产权、治理、合规为核心的制度基础,解决数据"确权难、合规难"的瓶颈;通过激活以交易、估值、服务为核心的市场机制,畅通数据"流通难、定价难"的堵点;通过赋能企业等主体提升能力、激励创新应用,解决数据"应用难、价值显性难"的困境;并健全数据安全、金融风险、伦理治理等保障体系,应对数据"风险高"的挑战。

　　在此过程中,政府的角色应该是规则的制定者、公共数据的引导者、关键基础设施的建设者、市场秩序的维护者和重大风险的防范者。市场的核心作用在于技术创新、服务供给、应用拓展和最终价值创造。人工智能则贯穿于政策体系的多个层面,既是驱动数据价值深度挖掘和再创造的核心技术,也是优化政策实施效率、提升市场机制智能化水平、增强风险防范能力的重要工具，同时也是政策需要加以规范和引导的对象。

深度推进数据资产化是实现数据要素价值化的基础。通过政策支持数据资产入表、标准化建设、第三方服务发展，将有助于数据在微观层面实现可计量、可管理，为后续的流通和价值变现奠定基础。在此基础上，通过构建高效透明的数据要素市场、发展智能化数据服务、激励数据与产业深度融合的创新应用，特别是充分释放人工智能的赋能作用，将能够实现数据要素价值的倍增，驱动实体经济的智能化升级和新业态、新模式的涌现，最终将数据要素的巨大潜力转化为实实在在的经济增长和社会福祉。

当然，构建数据要素价值化体系是一项长期而艰巨的任务，面临着诸多问题与挑战，需要我们在坚持系统思维，强化跨部门协同的同时，鼓励和支持地方与企业大胆探索，加快推动构建一个开放、协同、智能、安全的数据要素价值化体系，为做强做优做大数字经济发挥关键作用。

本书是集体研究成果。我起草了研究框架，课题组内部经过多轮讨论后最终商定形成研究大纲。在研究过程中，大家充分发挥各自专业优势，从不同角度开展深入研究。成稿后由我提出修改意见，经原作者进行修改后，再由我统稿成书。由于时间仓促，能力有限，部分资料和数据难免存在遗漏缺失甚至错误，学术观点和结论也可能存在偏颇，恳请读者批评指正！各章具体撰稿人如下。第一章：朱兰；第二章：白延涛、张笑；第三章：班元浩；第四章：彭绪庶、张笑；第五章：罗以洪；第六章：陈涛；第七章：端利涛；第八章：端利涛。

彭绪庶
2025 年 5 月

参考文献

白京羽、郭建民：《把握推进数字经济健康发展"四梁八柱" 做强做优做大我国数字经济》，《中国经贸导刊》2022 年第 3 期。

蔡思航、翁翕：《一个数据要素的经济学新理论框架》，《财经问题研究》2024 年第 5 期。

蔡跃洲、马文君：《数据要素对高质量发展影响与数据流动制约》，《数量经济技术经济研究》2021 年第 3 期。

程小可：《数据资产入表问题探讨：基于国际财务报告概念框架的分析》，《科学决策》2023 年第 11 期。

德勤、蚂蚁集团：《全球合规科技创新洞察》，Deloitte，2023 年。

费方域等：《数字经济时代数据性质、产权和竞争》，《财经问题研究》2018 年第 2 期。

国家数据局：《数字中国发展报告（2023 年）》，2024 年 6 月，https://www.nda.gov.cn/sjj/ywpd/sjzg/0830/ 20240830180401077761745_pc.html.

韩秀兰、王思贤：《数据资产的属性、识别和估价方法》，《统计与信息论坛》2023 年第 8 期。

何伟：《激发数据要素价值的机制、问题和对策》，《信息通信技术与政策》2020 年第 6 期。

胡继晔、付炜炜：《数据要素价值化助力培育新质生产力》，《财经问题研究》2024 年第 9 期。

胡良霖等：《数据要素价值演进路径研究》，《数据与计算发展前沿》（中英文）2024年第5期。

蒋牧云：《数据要素市场竞逐千亿赛道》，《中国经营报》2025年1月4日。

习近平：《不断做强做优做大我国数字经济》，《求是》2022年第2期。

靳庆文、朝乐门、张晨：《数据故事化解释中分类型预测结果的反转点识别方法研究——基于LIME算法》，《情报理论与实践》2024年第2期。

李海舰、赵丽：《数据成为生产要素：特征、机制与价值形态演进》，《上海经济研究》2021年第8期。

李海舰、赵丽：《数据价值理论研究》，《财贸经济》2023年第6期。

李海舰等：《数据要素市场化"数据宝"模式研究》，经济管理出版社2024年版。

李金贵：《数据资产化发展现状、面临挑战和对策建议》，《中国经贸导刊》2024年第11期。

刘树：《生成式人工智能在金融审计中的应用——以Kimi为例》，《审计研究》2025年第1期。

刘涛雄、李若菲、戎珂：《基于生成场景的数据确权理论与分级授权》，《管理世界》2023年第2期。

刘洋、董久钰、魏江：《数字创新管理：理论框架与未来研究》，《管理世界》2020年第7期。

吕指臣、卢延纯：《数据要素高质量供给的全链路建设框架》，《宏观经济管理》2024年第9期。

欧阳日辉：《数据要素流通的制度逻辑》，《人民论坛·学术前沿》2023年第6期。

潘爱玲、李广鹏：《数字经济时代企业数据价值释放的路径、挑战与对策》，《理论与改革》2024年第4期。

潘浩之、施睿、杨天人：《人工智能在城市碳达峰、碳中和规划与治理中的应用》，《国际城市规划》2022 年第 6 期。

秦荣生：《企业数据资产的确认、计量与报告研究》，《会计与经济研究》2020 年第 6 期。

任保平、刘洁：《建立完善中国特色的数据市场定价机制》，《当代经济研究》2024 年第 7 期。

上海交通大学安泰经济与管理学院、上海交通大学行业研究院、"人工智能+"行业研究团队：《2025 "人工智能+"行业发展蓝皮书》，2025 年 3 月。

孙静、王建冬：《多级市场体系下形成数据要素资源化、资产化、资本化政策闭环的总体设想》，《电子政务》2024 年第 2 期。

孙克：《数据要素价值化发展的问题与思考》，《信息通信技术与政策》2021 年第 6 期。

王鹏、张路阳：《从数据资产化看企业数据资产管理》，《企业管理》2024 年第 8 期。

邬贺铨：《创新引领可信数据空间建设》，《经济日报》2024 年 11 月 30 日。

吴德林等：《数据资产会计准则问题前瞻性研究：基于数字经济下数据价值创造特征视角》，《当代会计评论》2023 年第 2 期。

曹樱、左登基：《数据跨境流动：打造数字经济发展新优势的关键抓手》，《上海证券报》2024 年 12 月 16 日。

徐凤：《加快构建数据基础制度体系》，《光明日报》2022 年 8 月 26 日。

徐翔、厉克奥博、田晓轩：《数据生产要素研究进展》，《经济学动态》2021 年第 4 期。

徐新昊等：《车货供需匹配模型与算法研究综述》，《交通运输工程与信息学报》2024 年第 1 期。

许宪春、张钟文、胡亚茹：《数据资产统计与核算问题研究》，《管理世界》2022 年第 2 期。

叶雅珍：《数据资产化及运营系统研究》，博士学位论文，东华大学，2021年。

尹西明等：《数据要素价值化动态过程机制研究》，《科学学研究》2022年第2期。

张俊瑞、危雁麟、宋晓悦：《企业数据资产的会计处理及信息列报研究》，《会计与经济研究》2020年第3期。

张凌寒：《为人工智能高质量发展和高水平安全提供法治保障》，《人民日报》2023年5月16日。

张新长等：《新型智慧城市建设与展望：基于AI的大数据、大模型与大算力》，《地球信息科学学报》2024年第4期。

张真源：《数据资产登记制度的逻辑转变、核心架构与优化策略》，《治理研究》2024年第6期。

郑栅洁：《积极培育和发展新质生产力 推进经济高质量发展》，《宏观经济管理》2024年第4期。

中国互联网络信息中心：《第55次中国互联网络发展状况统计报告》，2025年。

中国信息通信研究院安全研究所：《数据要素流通视角下数据安全保障研究报告》，2022年12月。

中国信息通信研究院政策与经济研究所：《数据价值化与数据要素市场发展报告（2024年）》，2024年9月。

周海川、刘帅、孟山月：《打造具有国际竞争力的数字产业集群》，《宏观经济管理》2023年第7期。

朱兰：《人工智能与制造业深度融合：内涵、机理与路径》，《农村金融研究》2023年第8期。

朱秀梅等：《数据价值化：研究评述与展望》，《外国经济与管理》2023年第12期。

Almanasra S., "Applications of Integrating Artificial Intelligence and Big Data: A Comprehensive Analysis", *Journal of Intelligent Systems*, Vol. 33, No. 1, 2024.

Huang Z., "Dynamic Modeling and Prediction of Product Sales Trends Based on Long Short-Term Memory Algorithm", *Proceedings of the 2024 International Conference on Machine Intelligence and Digital Applications*, New York, USA: Association for Computing Machinery, 2024.

Ilin I. G., "Personal Data in Artificial Intelligence Systems: Natural Language Processing Technology", *Journal of Digital Technologies and Law*, Vol. 2, No. 1, 2024.

Jordon J., Szpruch L., Houssiau F., et al., *Synthetic Data-what, why and how*? arXiv, 2022.

Lundberg S. M., Lee S. I., *A Unified Approach to Interpreting Model Predictions*, Neural Information Processing Systems, 2017.

Martín L., Sánchez L., Lanza J., et al., "Development and Evaluation of Artificial Intelligence Techniques for IoT Data Quality Assessment and Curation", *Internet of Things*, Vol. 22, 2023.

Rahmani A. M., Rezazadeh B., Haghparast M., et al., "Applications of Artificial Intelligence in the Economy, Including Applications in Stock Trading, Market Analysis, and Risk Management", *IEEE Access*, Vol. 11, 2023.

Veldkamp L., Chung C., "Data and the Aggregate Economy", *Journal of Economic Literature*, Vol. 62, No. 2, 2024.